高等职业教育土木建筑大类专业系列规划教材

建设工程质量控制与安全管理

林滨滨　郑　嫣　主　编

U0286743

清华大学出版社
北　京

内 容 简 介

本书由浙江省全过程工程咨询与监理管理协会及浙江省建设工程监理联合学院的相关理事单位共同编写,是基于"现代学徒制"育人的监理联合学院的指定教材。本书为创建"浙江省建设工程监理特色专业"而编写,将用于浙江省建设工程监理联合学院"行业—学院—企业"三方共同培养建设工程监理专业高等职业技术应用型和技能型人才。

本书以建设工程监理的质量控制与安全管理履职的工作过程为导向,以能力培养为主线,围绕工程监理工作任务,提炼建设工程质量控制、安全管理履职等典型工作任务,创建四个学习领域,对学生的专业核心能力(建设工程质量控制的认知与实施能力和建设工程安全管理的认知与履职能力)进行系统的训练与培养。

本书涵盖了相应执业资格考试大纲的重点内容,既可作为高等职业教育建设工程监理专业核心课程"建设工程质量控制与安全管理"的教学用书,也可作为高等职业教育土木建筑大类学生选学相关专业课程的用书,本书还可作为在职建设监理人员提升到专业监理工程师层次的学习用书。

图书在版编目(CIP)数据

建设工程质量控制与安全管理/林滨滨,郑嫣主编.—北京:清华大学出版社,2019(2023.1重印)
(高等职业教育土木建筑大类专业系列规划教材)
ISBN 978-7-302-52185-3

Ⅰ.①建… Ⅱ.①林… ②郑… Ⅲ.①建筑工程—工程质量—质量控制—高等职业教育—教材
②建筑工程—安全管理—高等职业教育—教材 Ⅳ.①TU712.3 ②TU714

中国版本图书馆 CIP 数据核字(2019)第 013063 号

责任编辑:杜 晓
封面设计:曹 来
责任校对:袁 芳
责任印制:丛怀宇

出版发行:清华大学出版社
      网 址:http://www.tup.com.cn, http://www.wqbook.com
      地 址:北京清华大学学研大厦 A 座 邮 编:100084
      社 总 机:010-83470000 邮 购:010-62786544
      投稿与读者服务:010-62776969,c-service@tup.tsinghua.edu.cn
      质量反馈:010-62772015,zhiliang@tup.tsinghua.edu.cn
      课件下载:http://www.tup.com.cn,010-83470410
印 装 者:三河市少明印务有限公司
经 销:全国新华书店
开 本:185mm×260mm 印 张:12.25 字 数:291 千字
版 次:2019 年 3 月第 1 版 印 次:2023 年 1 月第 4 次印刷
定 价:45.00 元

产品编号:082074-01

前 言

　　为适应建筑业高技术、高技能人才培养的需要,在"以就业为导向,以能力本位"的教育目标指引下,我们得到教育专家、建设工程监理行业和企业专家的长期指导,并开展了建设工程监理专业的教学研究和教学改革。为了提高建设工程监理行业就业服务能力,现已完成"建设工程质量控制与安全管理能力训练"的配套教材的编写。本书在编写过程中,坚持贯彻行为导向教学法的教学理念和教学方法,将岗位核心能力融入课程进行训练,使学生不仅对能力有所认知和对理论知识有所了解,而且能够掌握这些能力,并能完成岗位任务。

　　本书由浙江省全过程工程咨询与监理管理协会及浙江省建设工程监理联合学院的相关理事单位共同编写,是基于"现代学徒制"育人的监理联合学院的指定教材。

　　本书由浙江建设职业技术学院高级工程师、注册监理工程师傅敏负责思路的统筹和提纲的确定,由浙江建设职业技术学院高级工程师、注册监理工程师林滨滨,浙江一诚工程咨询有限公司工程师、企业兼职教师郑嫣共同编写和修改,最后由林滨滨负责统稿,由浙江建设职业技术学院副教授、浙江省建设工程监理专业带头人黄乐平,浙江省一建建设集团有限公司教授级高级工程师、注册一级建造师俞列共同主审定稿。本书在编写过程中,得到浙江省建设工程监理联合学院多家理事单位领导、专家的指导、支持和帮助,在此表示衷心的感谢。

　　全书分为 4 个单元和 2 个附表,附表既为细化质量控制要点与安全管理要点的查询学习提供了新的知识引导,又缩减了引用标准、规范、规程的篇幅。本书采用"互联网＋"思维,拓展资源用二维码进行信息化呈现。

　　由于高等职业教育人才培养方案和教学信息化手段正处在不断变化、发展和提高阶段,我们所做的工作有许多只是初步探索。由于编者自身的水平和能力以及资源条件的局限,书中难免有不足之处,敬请读者提出宝贵意见。

编　者

2018 年 12 月

目 录

单元 1　建设工程质量控制策划

知识目标

1. 了解

(1) 质量和工程质量、工程质量管理和控制、工程建设各阶段对质量形成的作用。

(2) 项目质量控制的主体。

(3) 质量统计分析基本知识,控制图和相关图的原理和用途。

2. 熟悉

(1) 工程质量的影响因素,各建设工程主体单位的工程质量责任。

(2) 项目监理机构工作制度及工作流程。

(3) 调查表、分层法的分析方法和作用。

3. 掌握

(1) 建设工程质量管理制度。

(2) 项目监理机构工作方法和手段。

(3) 因果分析图、排列图、直方图的分析方法和应用。

能力目标

1. 能够参照教学资料,明确工程参建各方的质量责任。

2. 能够熟练应用项目监理机构工作方法和手段。

3. 能够识读因果分析图、排列图、直方图,并能进行分析利用。

1.1　建设工程质量管理体系概述

1.1.1　质量和建设工程质量

根据 ISO 9000：2015《质量管理体系——基础和术语》对质量的最新定义,质量是指客体的若干固有特性满足要求的程度。"客体"是指可感知或想象的任何事物,如产品、服务、过程、人、组织、体系、资源等。"满足要求"是指满足顾客和相关方的要求,包括法律法规及标准规范的要求。"固有特性"包括明示的特性和隐含的特性,明示的特性一般以书面阐明或明确向顾客指出,隐含的特性是指惯例或一般做法。

北京国家体育馆(鸟巢)

北京国家游泳馆(水立方)

建设工程质量简称工程质量,是指建设工程满足相关标准规定和合同约定要求的程度,包括其在安全、使用功能及其在耐久性能、节能与环境保护等方面所有明示和隐含的固有特性。

建设工程作为一种特殊的产品,除具有一般产品共有的质量特性外,还具有特定的内涵。建设工程质量的特性主要表现在 7 个方面,即包括 7 个方面的固有特性,见表 1-1。

表 1-1　建设工程质量的 7 个固有特性

特　性	内　容
适用性	• 适用性即功能,工程满足使用目的的各种性能。 • 理化性能、结构性能、使用性能、外观性能等
耐久性	• 耐久性即寿命,工程在规定的条件下,满足规定功能要求使用的年限,工程竣工后的合理使用寿命周期。 • 民用建筑主体结构工程的耐用年限分为 4 级(15～30 年,30～50 年,50～100 年,100 年以上)。 • 公路工程设计年限一般按等级控制在 10～20 年
安全性	• 安全性是指工程建成后在使用过程中保证结构安全、保证人身和环境免受危害的程度
可靠性	• 可靠性是工程在规定的时间和规定的条件下完成规定功能的能力。 • 工程防洪与抗震能力、防雨隔热、恒温恒湿措施、工业生产用的管道防"跑、冒、滴、漏"等
经济性	• 经济性是指工程从规划、勘察、设计、施工到整个产品使用寿命周期内的成本和消耗的费用。 • 具体表现:设计成本、施工成本、使用成本三者之和。 • 范围:建设全过程的总投资和使用阶段至改建更新阶段的使用维修费
节能性	节能性是工程在设计与建造过程及使用过程中满足节能减排、降低能耗的标准和有关要求的程度(最新补充:《民用建筑节能条例》)(节能性为新增的质量特性)
与环境的协调性	与环境的协调性是工程与其周围生态环境协调,与所在地区经济环境协调以及与周围已建工程相协调,以适应可持续发展的要求

上述 7 个方面的质量特性相互依存。总体而言,适用性、耐久性、安全性、可靠性、经济性、节能性和与环境的协调性,都是必须达到的基本要求,缺一不可。但是,对于不同门类不同专业的工程,如工业建筑、民用建筑、公共建筑、住宅建筑、道路建筑,可根据其所处的特定地域环境条件、技术经济条件的差异,质量特性会有不同的侧重面。

建设工程质量如何直接关系到某一时期我国工程建设的发展水平,直接影响着众多产业的发展,同时也影响着人们的生活质量。我国为了保证建设工程质量,在项目管理方面已经基本建立健全了一套有效的、现代化的、科学先进的质量管理、监督和预控体系,以及系统管理的理论、制度和方法。

建设工程质量控制包括两个方面的关键内容:一是必须要认真开展全面质量管理和贯彻质量标准;二是必须要建立健全以项目质量目标为核心的质量管理体系。在传统注重技术管理的基础上,以"以质取胜"的新理念和视角更全面地贯彻我国的工程质量管理方针,坚守住职业道德与诚信行为的底线,积极推进质量行为标准化和实体质量管控标准化,严格执行标准规范,突出工程实体质量常见问题治理,提高工程施工质量水平。

建设工程质量控制是指在项目实施整个过程中,项目参与各方致力于实现业主要求的项目质量总目标的一系列活动。由此可见,建设工程质量控制的实质是在明确的建设工程质量目标和具体的条件下,通过行动方案和资源配置的计划、实施、检查和监督,进行质量目标的事前预控、事中控制和事后纠偏控制,实现预期质量目标的系统过程。

建设工程质量控制的任务是对项目的建设、勘察、设计、施工、监理单位的工程质量行为以及涉及项目工程实体质量的设计质量、工程材料质量、机械设备质量、施工安装质量进行控制。由于工程项目的质量目标最终是由项目工程实体的质量来体现,而项目工程实体的质量最终是通过施工作业过程直接形成的,设计质量、工程材料质量、机械设备质量往往也要在施工过程中进行检验。因此,施工质量控制是工程项目质量控制的重点,培养从业人员具备良好的职业能力、知识与素质,显得非常有必要。

1.1.2　工程建设各阶段对质量形成的作用

工程建设阶段可以归纳为项目可行性研究,项目决策,工程勘察、设计,工程施工,工程竣工验收 5 个时间阶段。工程建设的不同阶段,对工程项目质量的形成具有不同的作用和影响。

1. 项目可行性研究

项目可行性研究的内涵是在项目建议书和项目策划的基础上,运用经济学原理对投资项目的有关技术、经济、社会、环境及所有方面进行调查研究,对各种可能的拟建方案和建成投产后的经济效益、社会效益和环境效益等进行技术经济分析、预测和论证,确定项目建设的可行性,并在可行的情况下,通过多方案比较从中选择最优秀的建设方案,作为项目决策和设计的依据。在此过程中,需要确定工程项目的质量要求,并与投资目标协调。因此,项目可行性研究直接影响项目的决策质量和设计质量。

2. 项目决策

项目决策阶段是通过项目可行性研究和项目评估,对项目的建设方案作出决策,使项目的建设充分反映业主的意愿,并与地区环境相适应,做到投资、质量、进度三者协调统一。所以,项目决策阶段对工程质量的影响主要是确定工程项目应达到的质量目标和水平。

3. 工程勘察、设计

工程的地质勘察是为建设场地的选择和工程的设计与施工提供地质资料依据。而工程设计是根据建设项目总体需求(包括已确定的质量目标和水平)和地质勘察报告,对工程的外形和内在的实体进行筹划、研究、构思、设计和描绘,形成设计说明书和图纸等相关文件,使得质量目标和水平具体化,为施工提供直接依据。

工程设计质量是决定工程质量的关键环节。工程采用的平面布置和空间形式,选用的结构类型,使用的材料、构配件及设备等,都直接关系工程主体结构的安全可靠,关系建设投资的综合功能是否充分体现规划意图。在一定程度上,设计的完美性反映一个国家的科技水平和文化水平。设计的严密性、合理性也决定了工程建设的成败,是建设工程的安全、适用、经济与环境保护等措施得以实现的保证。

4. 工程施工

工程施工是指按照设计图纸和相关文件的要求,在建设场地上将设计意图付诸实现的测量、作业、检验,形成工程实体建成最终产品的活动。任何优秀的设计成果,只有通过施工才能变为现实。因此工程施工活动决定了设计意图能否体现,直接关系工程的安全可靠、使用功能的保证,以及外表观感能否体现建筑设计的艺术水平。在一定程度上,工程施工是形成实体质量的决定性环节。

5．工程竣工验收

工程竣工验收是对工程施工质量通过检查评定、试车运转，考核施工质量是否达到设计要求，是否符合项目决策阶段确定的质量目标和水平，并通过验收确保工程项目质量。所以工程竣工验收能够保证最终产品的质量。

1.1.3 影响工程质量的因素

影响工程质量的因素很多，但归纳起来主要有 5 个方面，简称 4M1E，即人（man）、机械（machine）、材料（material）、方法（method）和环境（environment）。人员因素即人员素质起决定性作用（决策者、管理者、操作者的素质）。机械的因素即机械设备，包括施工机械设备、各类施工工器具，其中施工机械设备是所有施工方案和工法得以实现的重要物质基础。材料的因素即工程材料，包括原材料、半成品、成品、设备，材料质量是工程质量的基础。方法的因素即施工工艺方法的因素，包括施工技术方案、施工工艺、工法、施工技术措施等，其先进性、合理性直接影响质量、进度和造价。环境条件包括自然环境、社会环境、施工质量管理环境和施工作业环境条件。影响工程质量的五大因素见图 1-1。

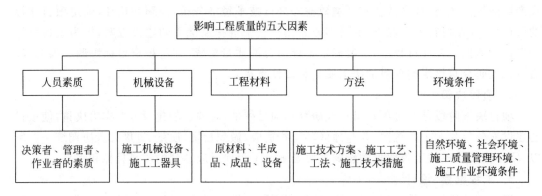

图 1-1 影响工程质量的五大因素

1．人员素质

人是生产经营活动的主体，也是工程项目建设的决策者、管理者、操作者。工程建设的规划、决策、勘察、设计、施工与竣工验收等全过程，都是通过人的工作完成的。人员素质即人的文化水平、技术水平、决策能力、管理能力、组织能力、作业能力、控制能力、身体素质及职业道德等，都将直接或间接地对规划、决策、勘察、设计和施工的质量产生影响。而规划是否合理，决策是否正确，设计是否符合所需要的质量功能，施工能否满足合同、规范、技术标准的需要等，都将对工程质量产生不同程度的影响。人员素质是影响工程质量的一个重要因素。因此，建筑行业实行资质管理和建设类各类专业人员岗位准入制度与工种人员持证上岗制度，是保证人员素质的重要管理措施。

2．机械设备

机械设备可分为两类：第一类是指组成工程实体及配套的工艺设备和各类机具，如电梯、泵机、通风设备等。它们的长期填入使用构成了建筑设备安装工程或工业设备安装工程,形成完整的使用功能;第二类是指施工过程中使用的各类机具设备,包括大型垂直与横向运输设备、各类操作工具、各种施工安全设施、各类测量仪器和计量器具等,简称施工机具设备。它们是施工生产的临时手段。施工机具设备对工程质量也有重要的影响。工程实体所用工艺设备和各类机具,其产品质量优劣直接影响工程使用功能质量。工程施工机具设备的类型是否符合工程施工特点、性能是否先进稳定、操作是否方便安全等,也会影响工程项目的实体质量。

3. 工程材料

工程材料是指构成工程实体的物质基础,包括各类建筑材料、构配件、半成品等,它是工程建设的物质条件,也是工程质量的基础。工程材料选用是否合理、产品是否合格、材质是否经过检验、保管使用是否得当等,都将直接影响建设工程的结构刚度、强度及稳定性,影响工程外表及观感质量,影响工程的使用功能,影响工程的使用安全。

4. 方法

方法是指工艺方法、操作方法和施工技术方案。在工程施工中,施工技术方案是否合理,施工工艺是否先进,施工操作是否正确,都将对工程质量产生重大的影响。采用新技术、新工艺、新方法、新材料、新结构,不断提高工艺技术水平,是保证工程质量稳定提高的重要因素。

5. 环境条件

环境条件是指对工程质量特性起重要作用的环境条件,包括工程技术环境,如工程地质、水文、气象等;施工作业环境,如施工作业环境作业面大小、防护设施、通风照明和通信条件等;施工质量管理环境,主要是指工程实施的合同环境与管理关系的确定,组织体制及管理制度等;周边环境,如工程邻近的地下管线、建(构)筑物等。环境条件往往对工程质量产生特定的影响。加强环境条件(自然环境、社会环境、施工质量管理环境、施工作业环境条件)管理,改进作业条件,把握好技术环境,辅以必要的措施,是控制环境条件对质量影响的重要保证。

1.1.4 工程质量的特点

建设工程质量的特点是由建设工程本身和建设生产的特点决定的。建设工程(产品)及其生产的特点:一是产品的固定性,生产的流动性;二是产品的多样性,生产的单件性;三是产品的形体庞大、高投入、生产周期长、具有风险性;四是产品的社会性,生产的外部约束性。上述建设工程的特点形成了工程质量本身的以下特点。

1. 影响因素多

建设工程质量受多种因素的影响,如决策、设计、材料、机具设备、施工方法、施工工艺、技术措施、人员素质、工期、工程造价等,这些因素直接或间接地影响工程项目质量。

2. 质量波动大

由于建筑生产的单件性、流动性,不像一般工业产品的生产那样有固定的生产流水线、规范化的生产工艺和完善的检测技术、成套的生产设备和稳定的生产环境,所以工程质量容易产生波动且波动大。同时由于影响工程质量的偶然性因素和系统性因素比较多,其中任一因素发生变动,都会使工程质量产生波动。如材料规格品种使用错误、施工方法不当、操作未按规程进行、机械设备过度磨损或出现故障、设计计算失误等,都会发生质量波动,产生系统因素的质量变异,造成工程质量事故。为此,要严防出现系统性因素的质量变异,要把质量波动控制在偶然性因素范围内。

3．质量隐蔽性

建设工程在施工过程中,分项工程交接多、中间产品多、隐蔽工程多,因此质量存在隐蔽性。若在施工中不及时进行质量检查,事后只能从表面上检查,就很难发现内在的质量问题,容易产生判断错误,即将不合格品误认为合格品。

4．终检的局限性

工程项目建成后不可能像一般工业产品那样依靠终检判断产品质量,或将产品拆卸、解体检查其内在质量,或对不合格零部件进行更换。而工程项目的终检(竣工验收)无法进行工程内在质量的检验,难以发现隐蔽的质量缺陷。因此,工程项目的终检存在一定的局限性。这就要求工程质量控制应以预防为主,防患于未然。

5．评价方法的特殊性

工程质量的检查评定及验收是按检验批、分项工程、分部工程、单位工程进行的。检验批的质量是分项工程乃至整个工程质量检验的基础,检验批质量合格主要取决于主控项目和一般项目检验的结果。隐蔽工程在隐蔽前要检查合格后验收,涉及结构安全的试块、试件以及有关材料,应按规定进行见证取样检测,涉及结构安全和使用功能的重要分部工程要进行抽样检测。工程质量是在施工单位按合格质量标准自行检查评定的基础上,由项目监理机构组织有关单位、人员进行检验确认验收。建筑工程施工质量验收评价这种特别的评价方法体现了"验评分离、强化验收、完善手段、过程控制"的指导思想。

1.1.5　工程质量控制主体和原则

1．工程质量控制主体

工程质量控制贯穿于工程项目实施的全过程,其侧重点是按照既定目标、准则、程序,使产品和过程的实施保持受控状态,预防不合格的发生,持续稳定地生产合格品。

工程质量控制按其实施主体不同,分为自控主体和监控主体。前者是指直接从事质量职能的活动者,后者是指对他人质量能力和效果的监控者,主要包括以下5个方面。

1)政府的工程质量控制

政府属于监控主体,主要是以法律法规为依据,通过抓工程报建、施工图设计文件审查、施工许可、材料和设备准用、工程质量监督、工程竣工验收备案等主要环节实施监控。

2)建设单位的工程质量控制

建设单位属于监控主体,工程质量控制按工程质量形成过程,建设单位的工程质量控制贯穿建设全过程各阶段。

(1)决策阶段的工程质量控制:主要是通过项目的可行性研究,选择最优建设方案,使项目的质量要求符合业主的意图,并与投资目标协调,与所在地区环境协调。

(2)工程勘察设计阶段的工程质量控制:主要是要选择好勘察设计单位;要保证工程设计符合决策阶段确定的质量要求,保证设计符合有关技术规范和标准的规定;要保证设计文件、图纸符合现场和施工的实际条件,其深度能满足施工的需要。

(3)工程施工阶段的工程质量控制:一是择优选择能保证工程质量的施工单位;二是

择优选择服务质量好的监理单位,委托其严格监督施工单位按设计图纸进行施工,形成符合合同文件规定质量要求的最终建设产品。

3) 工程监理单位的工程质量控制

工程监理单位属于监控主体,主要是受建设单位的委托,根据法律法规、工程建设标准、勘察设计文件及合同,制定和实施相应的监理措施,采用旁站、巡视、平行检验和检查验收等方式,代表建设单位在施工阶段对工程质量进行监督和控制,以满足建设单位对工程质量的要求。

4) 勘察设计单位的工程质量控制

勘察设计单位属于自控主体,是以法律法规及合同为依据,对勘察设计的整个过程进行控制,包括工作质量和成果文件质量的控制,确保提交的勘察设计文件所包含的功能和使用价值,满足建设单位工程建造的要求。

5) 施工单位的工程质量控制

施工单位属于自控主体,是以工程合同、设计图纸和技术规范为依据,对施工准备阶段、施工阶段、竣工验收交付阶段等施工全过程的工作质量和工程质量进行控制,以达到施工合同文件规定的质量要求。

2. 工程质量控制原则

项目监理机构在工程质量控制过程中应遵循以下几条原则。

1) 坚持质量第一的原则

建设工程质量不但关系工程的适用性和建设项目投资效果,而且关系人民群众生命财产的安全。所以,项目监理机构在进行投资、进度、质量三大目标控制时,在处理三者关系时,应坚持"百年大计,质量第一",在工程建设中自始至终把"质量第一"作为对工程质量控制的基本原则。

2) 坚持以人为核心的原则

人是工程建设的决策者、组织者、管理者和操作者。工程建设中各单位、各部门、各岗位人员的工作质量水平和完善程度,都直接或间接地影响工程质量。所以在工程质量控制中,要以人为核心,重点控制人的素质和人的行为,充分发挥人的积极性和创造性,以人的工作质量保证工程质量。

3) 坚持以预防为主的原则

工程质量控制应该是积极主动的,应事先对影响质量的各种因素加以控制,而不能是消极被动的,等出现质量问题再进行处理,已造成不必要的损失。所以,要重点做好质量的事先控制和事中控制,以预防为主,加强过程和中间产品的质量检查与控制。

4) 以合同为依据,坚持质量标准的原则

质量标准是评价产品质量的尺度,工程质量是否符合合同规定的质量标准要求,应通过质量检验并与质量标准对照。符合质量标准要求的才是合格,不符合质量标准要求的就是不合格,必须返工处理。

5) 坚持科学、公平、守法的职业道德规范

在工程质量控制中,项目监理机构必须坚持科学、公平、守法的职业道德规范,要尊重科学,尊重事实,以数据资料为依据,客观、公平地进行质量问题的处理。要坚持原则,遵纪守法,秉公监理。

1.1.6 工程质量管理制度体系

1. 工程质量管理体制

1) 建设工程管理的行为主体

根据我国投资建设项目管理体制,建设工程管理的行为主体可分为 3 类。

(1) 政府部门。包括中央政府与地方政府的发展和改革部门、城乡和住房建设部门、国土资源部门、环境保护部门、安全生产管理部门等相关部门。政府部门对建设工程的管理属行政管理范畴,主要是从行政上对建设工程进行管理,其目标是保证建设工程符合国家的经济和社会发展的要求,维护国家经济安全、监督建设工程活动不危害社会公众利益。其中,政府对工程质量的监督管理就是为保障公众安全与社会利益不受到危害。

(2) 建设单位。在建设工程管理中,建设单位自始至终是建设工程管理的主导者和责任人,其主要责任是对建设工程的全过程、全方位实施有效管理,保证建设工程总体目标的实现,并承担项目的风险以及经济、法律责任。

(3) 工程建设参与方。包括工程勘察设计单位、工程施工承包单位、材料设备供应单位,以及工程咨询、工程监理、招标代理、造价咨询单位等工程服务机构。它们的主要任务是按照合同约定,对其承担的建设工程相关任务进行管理,并承担相应的经济责任和法律责任。

2) 工程质量管理体系

工程质量管理体系是指为实现工程项目质量管理目标,围绕工程项目质量管理而建立的质量管理体系。工程质量管理体系包含 3 个层次:①承建方的自控;②建设方(含监理等咨询服务方)的监控;③政府和社会的监督。其中,承建方包括勘察单位、设计单位、施工单位、材料供应单位等;咨询服务方包括监理单位、咨询单位、项目管理公司,审图机构、检测机构等。

因此,我国工程建设实行"政府监督、社会监理与检测、企业自控"的质量管理与保证体系。但社会监理的实施,并不能取代建设单位和承建方按法律法规规定的应有的质量责任。

2. 政府监督管理职能

1) 建立和完善工程质量管理法规

建立和完善工程质量管理法规包括行政性法规和工程技术规范标准,前者如《建筑法》《招标投标法》《建设工程质量管理条例》等,后者如工程设计规范、建筑工程施工质量验收统一标准、工程施工质量验收规范等。

2) 建立和落实工程质量责任制

建立和落实工程质量责任制包括工程质量行政领导的责任、项目法定代表人的责任、参建单位法定代表人的责任和工程质量终身负责制等。

3) 建设活动主体资格的管理

国家对从事建设活动的单位实行严格的从业许可证制度,对从事建设活动的专业技术人员实行严格的执业资格制度。建设行政主管部门及有关专业部门按各自分工,负责各类资质标准的审查、从业单位的资质等级的最后认定、专业技术人员资格等级的核查和注册,并对资质等级和从业范围等实施动态管理。

4) 工程承发包管理

工程承发包管理包括规定工程招投标承发包的范围、类型、条件,对招投标承发包活动的依法监督和工程合同管理。

5）工程建设程序管理

工程建设程序管理包括工程报建、施工图设计文件审查、工程施工许可、工程材料和设备准用、工程质量监督、施工验收备案等。

1.1.7　工程质量管理主要制度

近年来,我国建设行政主管部门先后颁发了多项建设工程质量管理规定。工程质量管理的主要制度有以下几种。

1. 工程质量监督

国务院建设行政主管部门对全国的建设工程质量实施统一监督管理。国务院交通运输、水利等有关部门按国务院规定的职责分工,负责全国有关专业建设工程质量的监督管理。县级以上地方人民政府建设行政主管部门对本行政区域内的建设工程质量实施监督管理。县级以上地方人民政府交通运输、水利等有关部门在各自职责范围内,负责本行政区域内的专业建设工程质量的监督管理。

国务院发展和改革委员会按照国务院规定的职责,组织稽查特派员,对国家出资的重大建设项目实施监督检查;国务院工业和信息化部门按国务院规定的职责,对国家重大技术改造项目实施监督检查。国务院建设行政主管部门和国务院交通运输、水利等有关专业部门、县级以上地方人民政府建设行政主管部门和其他有关部门,对有关建设工程质量的法律法规和强制性标准执行情况加强监督检查。

县级以上政府建设行政主管部门和其他有关部门履行检查职责时,有权要求被检查的单位提供有关工程质量的文件和资料,有权进入被检查单位的施工现场进行检查。在检查中发现工程质量存在问题时,有权责令改正。政府的工程质量监督管理具有权威性、强制性、综合性的特点。

建设工程质量监督管理,可以由建设行政主管部门或者其他有关部门委托的建设工程质量监督机构具体实施。工程质量监督管理的主体是各级政府建设行政主管部门和其他有关部门。但由于工程建设周期长、环节多、点多面广,工程质量监督工作是一项专业技术性强且很繁杂的工作,政府部门不可能亲自进行日常检查工作。因此,工程质量监督管理由建设行政主管部门或其他有关部门委托的工程质量监督机构具体实施。

工程质量监督机构是经省级以上建设行政主管部门或有关专业部门考核认定,具有独立法人资格的单位。它受县级以上地方人民政府建设行政主管部门或有关专业部门的委托,依法对工程质量进行强制性监督,并对委托部门负责。

工程质量监督机构的主要任务有以下几种。

(1) 根据政府主管部门的委托,受理建设工程项目的质量监督。

(2) 制订质量监督工作方案。确定负责该项工程的质量监督工程师和助理质量监督师。根据有关法律法规和工程建设强制性标准,针对工程特点,明确监督的具体内容、监督方式。在方案中对地基基础、主体结构和其他涉及结构安全的重要部位与关键过程作出实施监督的详细计划安排,并将质量监督工作方案通知建设、勘察、设计、施工、监理单位。

(3) 检查施工现场工程建设各方主体的质量行为。检查施工现场工程建设各方主体及有关人员的资质或资格；检查勘察、设计、施工、监理单位的质量管理体系和质量责任制落实情况；检查有关质量文件、技术资料是否齐全并符合规定。

（4）检查建设工程实体质量。按照质量监督工作方案，对建设工程地基基础、主体结构和其他涉及安全的关键部位进行现场实地抽查，对用于工程的主要建筑材料、构配件的质量进行抽查。对地基基础分部、主体结构分部和其他涉及安全的分部工程的质量验收进行监督。

（5）监督工程质量验收。监督建设单位组织的工程竣工验收的组织形式、验收程序以及在验收过程中提供的有关资料和形成的质量评定文件是否符合有关规定，实体质量是否存在严重缺陷，工程质量验收是否符合国家标准。

（6）向委托部门报送工程质量监督报告。报告的内容应包括对地基基础和主体结构质量检查的结论，工程施工验收的程序、内容和质量检验评定是否符合有关规定，以及历次抽查该工程的质量问题和处理情况等。

（7）对预制建筑构件和商品混凝土的质量进行监督。

（8）政府主管部门委托的工程质量监督管理的其他工作。

2. 施工图设计文件审查

施工图设计文件（以下简称施工图）审查是政府主管部门对工程勘察设计质量监督管理的重要环节。施工图审查是指国务院建设行政主管部门和省、自治区、直辖市人民政府建设行政主管部门委托依法认定的设计审查机构，根据国家法律法规，对施工图涉及公共利益、公众安全和工程建设强制性标准的内容进行的审查。

1）施工图审查的范围

房屋建筑工程、市政基础设施工程施工图设计文件均属审查范围。省、自治区、直辖市人民政府建设行政主管部门可结合本地实际，确定具体的审查范围。

建设单位应当将施工图送审查机构审查。建设单位可以自主选择审查机构，但审查机构不得与所审查项目的建设单位、勘察设计单位有隶属关系或者其他利害关系。建设单位应当向审查机构提供的资料：①作为勘察、设计的批准文件及附件；②全套施工图。

2）施工图审查的主要内容

（1）是否符合工程建设强制性标准。

（2）地基基础和主体结构的安全性。

（3）勘察设计企业和注册执业人员以及相关人员是否按规定在施工图上加盖相应的图章和签字。

（4）其他法律、法规、规章规定必须审查的内容。

3）施工图审查有关各方的职责

（1）国务院建设行政主管部门负责规定审查机构的条件、施工图审查工作管理办法，并对全国的施工图审查工作实施指导监管。省、自治区、直辖市人民政府建设行政主管部门负责认定本行政区域内的审查机构，对施工图审查工作实施监督管理，并接受国务院建设主管部门的指导和监督。

市、县人民政府建设行政主管部门负责对本行政区域内的施工图审查工作实施日常监督管理，并接受省、自治区、直辖市人民政府建设主管部门的指导和监督。

（2）勘察、设计单位必须按照工程建设强制性标准进行勘察、设计，并对勘察、设计质量负责。审查机构按照有关规定对勘察成果、施工图设计文件进行审查,但不改变勘察、设计单位的质量责任。

(3)建设工程经施工图设计文件审查后,因勘察设计原因发生工程质量问题,审查机构承担审查失职的责任。

4)施工图审查管理

(1)施工图审查的时限。

施工图审查原则上不超过下列时限。

① 一级以上建筑工程、大型市政工程为 15 个工作日,二级及以下建筑工程、中型及以下市政工程为 10 个工作日。

② 工程勘察文件,甲级项目为 7 个工作日,乙级及以下项目为 5 个工作日。

(2)施工图审查合格的处理。

审查合格的,审查机构应当向建设单位出具审查合格书,并将经审查机构盖章的全套施工图交还建设单位。审查合格书应当有各专业的审查人员签字,经法定代表人签发,并加盖审查机构公章。审查机构应当在 5 个工作日内将审查情况呈报工程所在地县级以上地方人民政府建设主管部门备案。

(3)施工图审查不合格的处理。

审查不合格的,审查机构应当将施工图退还建设单位并书面说明不合格原因。同时,应当将审查中发现的建设单位、勘察设计单位和注册执业人员违反法律法规和工程建设强制性标准的问题,呈报工程所在地县级以上地方人民政府建设主管部门。

施工图退建设单位后,建设单位应当要求原勘察设计单位进行修改,并将修改后的施工图送交原审查机构审查。任何单位或者个人都不得擅自修改审查合格的施工图。

3. 建设工程施工许可

建设工程开工前,建设单位应当按照国家有关规定向工程所在地县级以上人民政府建设行政主管部门申请领取施工许可证。国务院建设行政主管部门确定的限额以下的小型工程除外。办理施工许可证应满足以下条件。

(1)已经办理该建设工程用地批准手续。

(2)在城市规划区的建设工程,已经取得规划许可证。

(3)需要拆迁的,其拆迁进度符合施工要求。

(4)已经确定建筑施工企业。

(5)有满足施工需要的施工图纸及技术资料。

(6)有保证工程质量和安全的具体措施。

(7)建设资金已经落实。

(8)法律、行政法规规定的其他条件。

4. 工程质量检测

工程质量检测工作是对工程质量进行监督管理的重要手段之一。工程质量检测机构是对建设工程、建筑构件、制品及现场所用的有关建筑材料、设备质量进行检测的法定单位。该机构在建设行政主管部门领导和标准化管理部门指导下开展检测工作,其出具的检测报告具有法定效力。法定的国家级检测机构出具的检测报告,在国内为最终裁定,在国外具有代表国家的性质。

1）国家级检测机构的主要任务

（1）受国务院建设行政主管部门和专业部门委托,对指定的国家重点工程进行检测复核,提出检测复核报告和建议。

（2）受国家建设行政主管部门和国家标准部门委托,对建筑构件、制品及有关材料、设备及产品进行抽样检验。

2）各省级、市(地区)级、县级检测机构的主要任务

（1）对本地区正在施工的建设工程所用的材料、混凝土、砂浆和建筑构件等进行随机抽样检测,向本地建设工程质量主管部门和质量监督部门提出抽样报告与建议。

（2）受同级建设行政主管部门委托,对本省、市、县的建筑构件、制品进行抽样检测。对违反技术标准、失去质量控制的产品,检测单位有权提供主管部门停止其生产的证明,不合格产品不准出厂,已出厂的产品不得使用。

（3）建设工程质量检测机构的业务内容分为专项检测和见证取样检测,由工程项目建设单位委托。检测结果利害关系人对检测结果产生争议的,由双方共同认可的检测机构复验,复验结果由提出复验方报当地建设主管部门备案。

质量检测试样的取样,应严格执行有关工程建设标准和国家有关规定,在建设单位或工程监理单位监督下现场取样。提供质量检测试样的单位和个人,应当对试样的真实性负责。

检测机构完成检测业务后,应当及时出具检测报告。检测报告经检测人员签字,检测机构法定代表人或其授权的签字人签署,并加盖检测机构公章或检测专用章后方可生效。检测报告经建设单位或工程监理单位确认后,由施工单位归档。

检测机构应当将检测过程中发现的建设单位、监理单位和施工单位违反有关法律、法规和工程建设强制性标准的情况,以及涉及结构安全检测结果的不合格情况,及时报告工程所在地建设主管部门。

5．工程竣工验收与备案

项目建成后必须按国家有关规定进行竣工验收,并由验收人员签字负责。

建设单位收到建设工程竣工报告后,应当组织设计、施工、工程监理等有关单位进行竣工验收。

1）建设工程竣工验收应当具备的条件

（1）完成建设工程设计和合同约定的各项内容。

（2）有完整的技术档案和施工管理资料。

（3）有工程使用的主要建筑材料、建筑构配件和设备的进场试验报告。

（4）有勘察、设计、施工、工程监理等单位分别签署的质量合格文件。

（5）有施工单位签署的工程保修书。

建设工程经验收合格,方可交付使用。建设单位应当自工程竣工验收合格起 15 日内,向工程所在地的县级以上地方人民政府建设行政主管部门备案。

2）建设单位办理工程竣工验收备案应当提交的文件

（1）工程竣工验收备案表。

（2）工程竣工验收报告。竣工验收报告应当包括工程报建日期,施工许可证号,施工图设计文件审查意见,勘察、设计、施工、工程监理等单位分别签署的质量合格文件以及验收人员签署的竣工验收原始文件,市政基础设施的有关质量检测和功能性试验资料以及备案机

关认为需要提供的有关资料。

（3）法律、行政法规规定应当由规划、公安消防、环保等部门出具的认可文件或者准许使用文件。

（4）施工单位签署的工程质量保修书。

（5）法规、规章规定必须提供的其他文件。

备案机关收到建设单位报送的竣工验收备案文件，验证文件齐全后，应当在工程竣工验收备案表上签署文件收讫。工程竣工验收备案表一式两份，一份由建设单位保存，一份留备案机关存档。

6. 工程质量保修

建设工程质量保修制度是指建设工程在办理交工验收手续后，在规定的保修期限内，因勘察、设计、施工、材料等原因造成的质量问题，要由施工单位负责维修、更换，由责任单位负责赔偿损失。质量问题是指工程不符合国家工程建设强制性标准、设计文件以及合同中对质量的要求。

建设工程承包单位在向建设单位提交工程竣工验收报告时，应向建设单位出具工程质量保修书，质量保修书中应明确建设工程保修范围、保修期限和保修责任等。

1）正常使用条件下，建设工程的最低保修期限

（1）基础设施工程、房屋建筑工程的地基基础和主体结构工程，为设计文件规定的该工程的合理使用年限。

（2）屋面防水工程，有防水要求的卫生间、房间和外墙面的防渗漏，为 5 年。

（3）供热与供冷系统，为 2 个采暖期、供冷期。

（4）电气管线、给排水管道、设备安装和装修工程，为 2 年。

其他项目的保修期限由发包方与承包方约定。保修期限自竣工验收合格之日起计算。

2）保修义务和经济责任的承担原则

建设工程在保修范围和保修期限内发生质量问题的施工单位应当履行保修义务。保修义务的承担和经济责任的承担应按下列原则处理。

（1）施工单位未按国家有关标准、规范和设计要求施工，造成的质量问题由施工单位负责返修并承担经济责任。

（2）由于设计方面的原因造成的质量问题，先由施工单位负责维修，其经济责任按有关规定通过建设单位向设计单位索赔。

（3）因建筑材料、构配件和设备质量不合格引起的质量问题，先由施工单位负责维修。属于施工单位采购的，由施工单位承担经济责任；属于建设单位采购的，由建设单位承担经济责任。

（4）因建设单位（含监理单位）错误管理造成的质量问题，先由施工单位负责维修，其经济责任由建设单位承担；如属监理单位责任，则由建设单位向监理单位索赔。

（5）因使用单位使用不当造成的损坏问题，先由施工单位负责维修，其经济责任由使用单位自行负责。

（6）因地震、洪水、台风等不可抗拒原因造成的损坏问题，先由施工单位负责维修，建设参与各方根据国家具体政策分担经济责任。

1.1.8　工程参建各方的质量责任

在工程项目建设中,参与工程建设的各方,应根据《建设工程质量管理条例》以及合同、协议及有关文件的规定承担相应的质量责任。

1. 建设单位的质量责任

(1) 建设单位要根据工程特点和技术要求,按有关规定选择相应资质等级的勘察、设计单位和施工单位,在合同中必须有质量条款,明确质量责任,并真实、准确、齐全地提供与建设工程有关的原始资料。凡法律法规规定建设工程勘察、设计、施工、监理以及工程建设有关重要设备材料采购实行招标的,必须实行招标,依法确定程序和方法,择优选定中标者。不得将应由一个承包单位完成的建设工程项目肢解成若干部分发包给几个承包单位;不得迫使承包方以低于成本的价格竞标;不得任意压缩合理工期;不得明示或暗示设计单位或施工单位违反建设强制性标准,降低建设工程质量。建设单位对其自行选择的设计、施工单位发生的质量问题承担相应责任。

(2) 建设单位应根据工程特点,配备相应的质量管理人员。对国家规定强制实行监理的工程项目,必须委托有相应资质等级的工程监理单位进行监理。建设单位应与工程监理单位签订监理合同,明确双方的责任和义务。

(3) 建设单位在工程开工前,负责办理有关施工图设计文件审查、工程施工许可证和工程质量监督手续,组织设计和施工单位认真进行设计交底;在工程施工过程中,应按国家现行有关工程建设法规、技术标准及合同规定,对工程质量进行检查,涉及建筑主体和承重结构变动的装修工程,建设单位应在施工前委托原设计单位或者相应资质等级的设计单位提出设计方案,经原审查机构审批后方可施工。工程项目竣工后,应及时组织设计、施工、工程监理等有关单位进行施工验收,未经验收备案或验收备案不合格的,不得交付使用。

(4) 建设单位按合同的约定负责采购供应的建筑材料、建筑构配件和设备应符合设计文件和合同要求,对发生的质量问题应承担相应的责任。

2. 勘察、设计单位的质量责任

(1) 勘察、设计单位必须在其资质等级许可的范围内承揽相应的勘察、设计任务,不许承揽超越其资质等级许可范围以外的任务,不得将承揽工程转包或违法分包,也不得以任何形式用其他单位的名义承揽业务或允许其他单位或个人以本单位的名义承揽业务。

(2) 勘察、设计单位必须按照国家现行的有关规定、工程建设强制性标准和合同要求进行勘察、设计工作,并对所编制的勘察、设计文件的质量负责。

勘察单位提供的地质、测量、水文等勘察成果文件应当符合国家规定的勘察深度要求,必须真实、准确。勘察单位应参与施工验槽,及时解决工程设计和施工中与勘察工作有关的问题;参与建设工程质量事故的分析,对因勘察原因造成的质量事故提出相应的技术处理方案。勘察单位的法定代表人、项目负责人、审核人、审定人等相应人员应在勘察文件上签字或盖章并对勘察质量负责。勘察单位的法定代表人对本企业的勘察质量全面负责,项目负责人对项目勘察文件负主要质量责任,项目审核人、审定人对其审核、审定项目的勘察文件负审核、审定的质量责任。

设计单位提供的设计文件应当符合国家规定的设计深度要求,注明工程合理使用年限。

设计文件中选用的材料、构配件和设备，应当注明规格、型号、性能等技术指标，其质量必须符合国家规定的标准。除有特殊要求的建筑材料、专用设备、工艺生产线等外，不得指定生产厂、供应商。设计单位应就审查合格的施工图文件向施工单位作出详细说明，解决施工中对设计提出的问题，负责设计变更。参与工程质量事故分析，并对因设计造成的质量事故提出相应的技术处理方案。

3．施工单位的质量责任

（1）施工单位必须在其资质等级许可的范围内承揽相应的施工任务，不许承揽超越其资质等级业务范围以外的任务，不得将承接的工程转包或违法分包，也不得以任何形式用其他施工单位的名义承揽工程或允许其他单位或个人以本单位的名义承揽工程。

（2）施工单位对所承包的工程项目的施工质量负责。应当建立健全质量管理体系，落实质量责任制，确定工程项目的项目经理、技术负责人和施工管理负责人。实行总承包的工程，总承包单位应对全部建设工程质量负责。建设工程勘察、设计、施工、设备采购的一项或多项实行总承包的，总承包单位应对其承包的建设工程或采购的设备的质量负责；实行总分包的工程，分包单位应按照分包合同约定对其分包工程的质量向总承包单位负责，总承包单位对分包工程的质量承担连带责任。

（3）施工单位必须按照工程设计图纸和施工技术规范标准组织施工。未经设计单位同意，不得擅自修改工程设计。在施工中，必须按照工程设计要求、施工技术规范标准和合同约定，对建筑材料、构配件、设备和商品混凝土进行检验；不得偷工减料，不使用不符合设计和强制性标准要求的产品，不使用未经检验和试验或检验和试验不合格的产品。

工程项目总承包是指从事工程总承包的企业受建设单位委托，按照合同约定对工程项目的勘察、设计、采购、施工、试运行（竣工验收）等实行全过程或若干阶段的承包。设计采购施工总承包是指工程总承包企业按照合同约定，承担工程项目的设计、采购、施工等工作。

工程项目总承包企业按照合同约定承包内容（设计、采购、施工）对工程项目的（设计、材料及设备采购、施工）质量向建设单位负责。工程总承包企业可依法将所承包工程中的部分工作发包给具有相应资质的分包企业，分包企业按照分包合同的约定对总承包企业负责。

4．工程监理单位的质量责任

（1）工程监理单位应按其资质等级许可的范围承担工程监理业务，不许超越本单位资质等级许可的范围或以其他工程监理单位的名义承担工程监理业务，不得转让工程监理业务，不许其他单位或个人以本单位的名义承担工程监理业务。

（2）工程监理单位应依照法律、法规以及有关技术标准、设计文件和建设工程承包合同，与建设单位签订监理合同，代表建设单位对工程质量实施监理，并对工程质量承担监理责任。监理责任主要有违法责任和违约责任两个方面。如果工程监理单位故意弄虚作假，降低工程质量标准，造成质量事故的，要承担法律责任。如果工程监理单位与承包单位串通，谋取非法利益，给建设单位造成损失的，应当与承包单位承担连带赔偿责任。如果监理单位在责任期内，不按照监理合同约定履行监理职责，给建设单位或其他单位造成损失的，属违约责任，应当按监理合同约定向建设单位赔偿。

5．工程材料、构配件及设备生产或供应单位的质量责任

工程材料、构配件及设备生产或供应单位对其生产或供应的产品质量负责。生产厂或供应商必须具备相应的生产条件、技术装备和质量管理体系，所生产或供应的工程材料、构配件及设备的质量应符合国家和行业现行的技术规定的合格标准与设计要求,并与说明书和包装上的质量标准相符,且应有相应的产品检验合格证,设备应有详细的使用说明等。

应当记住,除五方责任主体以外,还有工程材料、构配件及设备生产或供应单位、工程检测等其他单位的质量责任,以及在改革项目质量管理制度中出现的施工图文件审查机构、保险机构、担保机构等质量监控主体。质量控制五方责任主体与新出现的质量监控主体见图1-2。

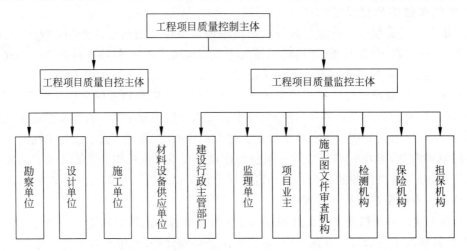

图 1-2 质量控制五方责任主体与新出现的质量监控主体

1.1.9 建筑工程五方责任主体项目负责人质量终身责任

根据住房和城乡建设部(以下简称住建部)《建筑工程五方责任主体项目负责人质量终身责任追究暂行办法》第五条规定,建筑工程参建主体项目负责人承担终身质量责任,其中:

(1)建设单位项目负责人对工程质量承担全面责任,不得违法发包、肢解发包,不得以任何理由要求勘察、设计、施工、监理单位违反法律法规和工程建设标准,降低工程质量,其违法违规或不当行为造成工程质量事故或质量问题应当承担责任。

(2)勘察、设计单位项目负责人应当保证勘察设计文件符合法律法规和工程建设强制性标准的要求,对因勘察、设计导致的工程质量事故或质量问题承担责任。

(3)施工单位项目经理应当按照经审查合格的施工图设计文件和施工技术标准进行施工,对因施工导致的工程质量事故或质量问题承担责任。

(4)监理单位总监理工程师应当按照法律法规、有关技术标准、设计文件和工程承包合同进行监理,对施工质量承担监理责任。

1.2 建设工程项目质量控制系统的建立

由于监理服务工作主要在工程项目现场,为保证工程监理单位质量管理体系的有效运行,项目监理机构应针对具体工程项目质量的要求和特点,监理工程项目质量控制系统。工程项目质量控制系统应通过监理规划和监理实施细则等文件作出具体的规定。

工程项目质量控制系统的建立运行是为了有效贯彻监理单位的质量管理体系,进行系统、全面的项目质量控制。

1.2.1 建立组织机构

项目监理机构是工程监理单位派驻工程负责履行建设工程监理合同的组织机构,是建立和实施项目质量控制系统的主体,其健全程度、组成人员素质及内部分工管理的水平直接关系整个工程质量控制的好坏。

项目监理机构的组织形式和规模应根据建设工程监理合同约定的服务内容、服务期限,以及工程特点、规模、技术复杂程度、环境等因素确定。监理人员应由总监理工程师、专业监理工程师和监理员组成,且专业配套、数量应满足建设工程监理工作需要。

1.2.2 制定工作制度

项目监理机构应建立相关制度,有效实施质量控制。

1. 施工图纸会审及设计交底制度

在工程开工之前,必须进行图纸会审,在熟悉图纸的同时排除图纸上的错误和矛盾。项目监理机构应于开工前协助建设单位组织设计、施工单位进行图纸会审;协助建设单位督促组织设计单位向施工单位进行施工设计图纸的全面技术交底,提出对关键部位、工序质量控制的要求,主要包括设计意图、施工要求、质量标准、技术措施等。图纸会审应以会议形式进行,设计单位就施工图纸设计文件向施工单位和监理单位作出详细说明,使施工单位和监理单位了解工程特点与设计意图,随后通过各相关单位多方研究,找出图纸存在的问题及需要解决的技术难题,并制订解决方案。监理单位要根据讨论决定的事项整理书面会议纪要,交由参加图纸会审的各方会签。会议纪要一经签认,即成为施工和监理的依据。

2. 施工组织设计/施工方案审核、审批制度

在工程开工前,施工单位必须完成施工组织设计的编制及内部审批工作,填写《施工组织设计/(专项)施工方案报审表》报送项目监理机构。总监理工程师在约定的时间内,组织专业监理工程师审查,提出意见后,由总监理工程师审核签认。需要施工单位修改时,由总监理工程师签发书面意见,退回施工单位修改后重新报审。施工单位应严格按审定的施工组织设计和施工方案设计文件施工。

3. 工程开工、复工审批制度

当工程项目的主要施工准备工作已完成时,施工单位可填报《工程开工报审表》,总监理工程师组织专业监理工程师审查施工单位报送的开工报审表及相关资料;同时具备下列条件时,应由总监理工程师签署审查意见,并应报建设单位批准后,总监理工程师签发工程开工令。

(1)设计交底和图纸会审已完成。

(2)施工组织设计已由总监理工程师签认。

(3)施工单位现场质量、安全生产管理体系已建立,管理及施工人员已到位,施工机械具备使用条件,主要工程材料已落实。

(4)进场道路及水、电、通信等已满足开工要求。

否则,施工单位应进一步做好施工准备,待条件具备时,再次填报开工申请。

4. 工程材料检验制度

材料进场必须有出厂合格证、生产许可证、质量保证书和使用说明书。工程材料进场后,用于工程施工前,施工单位应填报《工程材料、构配件、设备报审表》,项目监理机构应审查施工单位报送的用于工程的材料、构配件、设备的质量证明文件,包括进场材料出厂合格证、材质证明、试验报告等,并应按有关规定、建设工程监理合同约定,对用于工程的材料进行见证取样、平行检验。

项目监理机构对已进场经检验不合格的工程材料、构配件、设备应要求施工单位限期将其撤出施工现场。

5. 工程质量检验制度

工程质量检验前,施工单位应按有关技术规范、施工图纸进行自检,自检合格后填写隐蔽工程、关键部位质量报审、报验表,并附上相应的工程检查证明(或隐蔽工程检查记录)及相关材料证明、试验报告等,报送项目监理机构。项目监理机构应对施工单位报验的隐蔽工程、检验批、分项工程和分部工程进行验收,对验收合格的应给予签认;对验收不合格的应拒绝签认,同时应要求施工单位在指定的时间内整改并重新报验。

对已同意覆盖的工程隐蔽部位质量有疑问的,或发现施工单位私自覆盖工程隐蔽部位的,项目监理机构应要求施工单位对该隐蔽部位进行钻孔探测或揭开或采用其他方法进行重新检测。

6. 工程变更处理制度

如因设计图错漏,或发现实际情况与设计不符时,总监理工程师应组织专业监理工程师审查施工单位提出的工程变更申请,提出审查意见。对涉及工程设计文件修改的工程变更,应由建设单位转交原设计单位修改工程设计文件。必要时,项目监理机构应建议建设单位组织设计、施工等单位召开论证工程设计文件的修改方案的专题会议。工程变更往往会对工程费用和工程工期带来影响,总监理工程师应组织专业监理工程师对工程变更费用及工期影响作出评估,并组织建设单位、施工单位等共同协商确定工程变更费用及工期变化,会签工程变更单。

工程变更由总监理工程师审核无误后签发。项目监理机构根据批准的工程变更文件监督施工单位实施工程变更,做好工程变更的闭环控制和签证、确认工作,为竣工决算提供依据。

7. 工程质量验收制度

施工单位完工,自检合格提交单位工程竣工验收报审表及竣工资料后,项目监理机构应组织审查资料和组织工程竣工预验收。工程存在质量问题的,应要求施工单位及时整改;工程质量合格的,总监理工程师应签认单位工程竣工验收报审表。工程竣工预验收合格后,项目监理机构应编写工程质量评估报告,并应经总监理工程师和工程监理单位技术负责人审核签字后报建设单位。

项目监理机构应参加由建设单位组织的竣工验收,对验收中提出的整改问题,应督促施工单位及时整改。工程质量符合要求的,总监理工程师应在工程竣工验收报告中签署意见。

8. 监理例会制度

项目监理机构应定期组织召开监理例会,研究协调施工现场包括计划、进度、质量、安全及工程款支付等问题,可有参建各方负责人参加,施工单位书面向会议汇报上期工程情况及需要协调解决的问题,提出下期工作计划。监理例会应沟通工程质量及工程进展情况,检查上期会议纪要中有关决定的执行情况,分析当前存在的问题,提出问题的解决方案或建议,明确会后应完成的任务。项目监理机构根据会议内容和协调结果编写会议纪要并由与会各方签字确认,会议纪要须经总监理工程师批准签发后分发给各单位。

9. 监理工作日志制度

在监理工作开展过程中,项目监理机构每日填写监理工作日志。监理工作日志应反映监理检查工作的内容、发现的问题、处理情况及当日大事等。监理工作日志的填写要求及时、准确、真实,书写工整,用语规范,内容严谨。监理工作日志要及时交总监理工程师审查,以便及时沟通了解现场状况,从而促进监理工作正常有序地开展。

1.2.3　明确工作程序

监理工作是一项复杂的技术工作,监理工程师必须有计划、按规范的工作程序开展工作;否则,轻则带来不必要的麻烦,重则造成无法挽回的损失或后果。在工程质量控制中,监理工作应围绕影响工程质量的人、机、料、法、环五大因素和事前、事中、事后三个阶段,按规范的工作程序开展监理工作,才能有效地控制工程施工质量。

1.2.4　确定工作方法和手段

监理工作中实际应用的方法很多,但是不论什么控制方法,均体现在数据或质量特性值的处理方法上。通常使用频数分布图、直方图、排列图、因果分析图、控制图、相关图等质量分析方法。

监理工作中的主要手段如下。

1. 监理指令

对监理检查发现的施工质量问题或严重的质量隐患,项目监理机构通过下发监理通知单、工程暂停令等指令性文件向施工单位发出指令以控制工程质量。施工单位整改后,应以监理通知回复单回复。

2. 旁站

旁站监理是针对工程项目关键部位和关键工序施工质量控制的主要监理手段之一。通过旁站可以使施工单位在进行工程项目的关键部位和关键工序施工过程中严格按照有关技术规范与施工图纸进行,从而保证工程项目质量。

旁站人员应在规定时间到达现场,检查和督促施工人员按标准、规范、图纸、工艺进行施工,要求施工单位认真执行"三检制"(自检、互检、专检),根据测量数据填写相关的旁站检查记录表。旁站结束后,应及时整理旁站检查记录表,并按程序审核、归档。

3. 巡视

项目监理机构应对工程项目进行定期或不定期的检查。检查的主要内容有施工单位的施工质量、安全、进度、投资各方面实施情况;工程变更、施工工艺等调整情况;跟踪检查上次巡视发现的问题,监理指令的执行落实情况等。对于巡视发现的问题,应及时作出处理。巡视检查以预防为主,主要检查施工单位的质量保证体系运行情况。

4. 平行检验和见证取样

平行检验应在施工单位自行检测的同时,项目监理机构按有关规定及建设工程监理合同的约定对同一检验项目进行独立的检测试验,核验施工单位的检测结果。

见证取样应在施工单位进行试样检测前,项目监理机构对施工单位涉及结构安全的试块、试件以及工程材料现场取样、封样进行监督,确认其程序、方法的有效性。

1.2.5　项目质量控制系统的改进

项目质量控制系统在运行过程中必须根据工程项目的具体情况,持续地对质量控制的结果进行反馈,对于未考虑到、不合理或者是有问题的部分加以增补和改进,然后继续进行反馈,持续不断地进行改进。一般采用 PDCA 循环的方式,PDCA 循环是目标控制的基本方法。

项目监理机构需要定期地对项目质量控制的效果进行检查和反馈,并对系统进行评价。对于发现的问题及时寻找其发生原因,然后对项目质量控制系统相关的部分进行调整和改进,对调整和改进后的系统继续进行跟踪反馈与评价,继续改进和完善。这个过程应该是一个不断 PDCA 循环前进的过程。

1.3　建设工程项目质量数据统计分析

建设工程质量问题一般可以采用统计分析方法进行分析,查找原因,找出相应的纠正措施。试验检测是衡量和反映工程质量好坏的重要手段与方法,是保证工程安全性、耐久性和使用功能的有效手段。

1.3.1　质量统计分析

1. 统计术语定义

1）总体

总体也称母体,是所研究对象的全体。个体是组成总体的基本元素。

总体中含有个体的数目通常用 N 表示。在对一批产品进行质量检验时,该批产品是总体,其中的每件产品是个体,这时 N 是有限的数值,则称为有限总体。若对生产过程进行检测时,应该把整个生产过程过去、现在以及将来的产品视为总体。随着生产的进行 N 是无限的,称为无限总体。

实践中,一般把从每件产品检测得到的某一质量数据(强度、几何尺寸、重量等)即质量特性值视为个体,产品的全部质量数据的集合即为总体。

2）样本

样本也称子样,是从总体中随机抽取出来,并根据对其研究结果推断总体质量特征的那部分个体。被抽中的个体称为样品,样品的数目称为样本容量,用 n 表示。

3）统计推断工作过程

质量统计推断工作是运用质量统计方法在生产过程中或一批产品中随机抽取样本,通过对样品进行检测和数据处理、分析,从中获得样本质量数据信息,并以此为依据,以概率数理统计为理论基础,对总体的质量状况作出分析和判断。质量统计推断工作过程见图1-3。

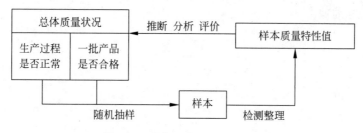

图1-3 质量统计推断工作过程

2. 质量数据的特征值

1) 描述数据集中趋势的特征值

样本数据特征值是由样本数据计算的描述样本质量数据波动规律的指标。统计推断就是根据这些样本数据特征值分析、判断总体的质量状况。常用的有描述数据分布集中趋势的算术平均数、样本中位数和描述数据分布离散趋势的极差、标准偏差、变异系数等。

(1) 算术平均数。算术平均数又称均值,是消除了个体之间个别偶然的差异,显示所有个体共性和数据一般水平的统计指标。它由所有数据计算得到,是数据的分布中心,对数据的代表性好。其计算公式如下。

① 总体算术平均数 μ:

$$\mu = \frac{1}{N}(X_1 + X_2 + \cdots + X_N) = \frac{1}{N}\sum_{i=1}^{N} X_i$$

式中:N——总体中个体数;

X_i——总体中第 i 个的个体质量特性值。

② 样本算术平均数 $\bar{x}$:

$$\bar{x} = \frac{1}{n}(x_1 + x_2 + \cdots + x_n) = \frac{1}{n}\sum_{i=1}^{n} x_i$$

式中:n——样本容量;

x_i——样本中第 i 个样品的质量特性值。

(2) 样本中位数。样本中位数是将样本数据按数值大小有序排列,位置居中的数值。当样本数 n 为奇数时,数列居中的一位数即为中位数;当样本数 n 为偶数时,取居中两个数的平均值作为中位数。

2) 描述数据离散趋势的特征值

(1) 极差。极差是数据中最大值与最小值之差,是用数据变动的幅度反映其分散状况的特征值。极差计算简单、使用方便,但粗略,数值仅受两个极端值的影响,损失的质量信息多,不能反映中间数据的分布和波动规律,仅适用于小样本。其计算公式为

$$R = x_{\max} - x_{\min}$$

(2) 标准偏差。标准偏差简称标准差或均方差,是个体数据与均值离差平方和的算术平均数的算术根,是大于0的正数。总体的标准差用 σ 表示,样本的标准差用 S 表示。标准差值小说明分布集中程度高,离散程度小,均值对总体(样本)的代表性好;标准差的平方是

方差,有鲜明的数理统计特征,能确切说明数据分布的离散程度和波动规律,是最常用的反映数据变异程度的特征值。其计算公式如下。

① 总体的标准偏差 σ:

$$\sigma = \sqrt{\frac{\sum_{i=1}^{N}(X_i - \mu)^2}{N}}$$

② 样本的标准差 S:

$$S = \sqrt{\frac{\sum_{i=1}^{n}(x_i - \bar{x})^2}{n-1}}$$

样本的标准偏差 S 是总体标准差 σ 的无偏估计。在样本容量较大($n \geqslant 50$)时,上式中的分母 $n-1$ 可简化为 n。

(3) 变异系数。变异系数又称离散系数,是用标准差 σ(或 S)除以算术平均数 μ(或 $\bar{x}$)得到的相对数。它表示数据的相对离散波动程度。变异系数小,说明分布集中程度高,离散程度小,均值对总体(样本)的代表性好。由于消除了数据平均水平不同的影响,变异系数适用于均值有较大差异的总体之间离散程度的比较,应用更为广泛。其计算公式为

$$C_v = \frac{\sigma}{\mu_{(总体)}}, \quad C_v = \frac{S}{\bar{x}_{(样本)}}$$

3. 质量数据的分布特征

1) 质量数据的特性

质量数据具有个体数值的波动性和总体(样本)分布的规律性。

在实际质量检测中,即使在生产过程是稳定正常的情况下,同一总体(样本)的个体产品的质量特性值也是互不相同的。这种个体间表现形式上的差异性,反映在质量数据上即为个体数值的波动性、随机性。然而当运用统计方法对这些大量丰富的个体质量数值进行数据处理和分析后,这些产品质量特性值(以计量值数据为例)大多都分布在数值变动范围的中部区域,即有向分布中心靠拢的倾向,表现为数值的集中趋势;还有一部分质量特性值在中心的两侧分布,随着逐渐远离中心,数值的个数变少,表现为数值的离中趋势。质量数据的集中趋势和离中趋势反映了总体(样本)质量变化的内在规律性。

2) 质量数据波动的原因

众所周知,影响产品质量主要有 5 个方面因素:人,包括质量意识、技术水平、精神状态等;机械设备,包括其先进性、精度、维护保养状况等;材料,包括材质均匀度、理化性能等;方法,包括生产工艺、操作方法等;环境,包括时间、季节、现场温湿度、噪声干扰等。这些因素自身也在不断变化。个体产品质量表现形式的千差万别就是这些因素综合作用的结果,质量数据也因此具有了波动性。

质量特性值的变化在质量标准允许范围内波动,称为正常波动,是由偶然性原因引起的;若是超越了质量标准允许范围的波动,则称为异常波动,是由系统性原因引起的。

(1) 偶然性原因。在实际生产中,影响因素的微小变化具有随机发生的特点,是不可避免、难以测量和控制的,或者是在经济上不值得消除。它们大量存在但对质量的影响很小,属于允许偏差、允许位移范畴,引起的是正常波动,一般不会因此造成废品,生产过程正常稳

定。通常把人、机、料、法、环等因素的这类微小变化归为影响质量的偶然性原因、不可避免原因或正常原因。

（2）系统性原因。当影响质量的人、机械设备、材料、方法、环境等因素发生较大变化，如工人未遵守操作规程、机械设备发生故障或过度磨损、原材料质量规格有显著差异等情况发生时，没有及时排除，生产过程不正常，产品质量数据就会离散过大或与质量标准有较大偏离，表现为异常波动，次品、废品产生。这就是产生质量问题的系统性原因或异常原因。由于异常波动特征明显，容易识别和避免，特别是对质量的负面影响不可忽视，生产中应随时监控，及时识别和处理。

3）质量数据分布的规律性

对于每件产品来说，在产品质量形成的过程中，单个影响因素对其影响的程度和方向是不同的，也是在不断改变的。众多因素交织在一起，共同作用的结果使各因素引起的差异大多相互抵消，最终表现的误差具有随机性。对于在正常生产条件下的大量产品，误差接近零的产品数目要多些，具有较大正负误差的产品相对少，偏离很大的产品就更少了，同时正负误差绝对值相等的产品数目非常接近，于是就形成一个能反映质量数据规律性的分布，即以质量标准为中心的质量数据分布。它可用一个"中间高、两端低、左右对称"的几何图形表示，即一般服从正态分布。

概率数理统计在对大量统计数据研究中，归纳总结出许多分布类型，如一般计量值数据服从正态分布、计件值数据服从二项分布、计点值数据服从泊松分布等。实践中只要是受许多起微小作用的因素影响的质量数据，都可认为是近似服从正态分布的，如构件的几何尺寸、混凝土强度等。如果是随机抽取的样本，无论它来自的总体是何种分布，在样本容量较大时，其样本均值也将服从或近似服从正态分布。因而，正态分布最重要、最常见，应用最广泛。正态分布概率密度曲线如图 1-4 所示。

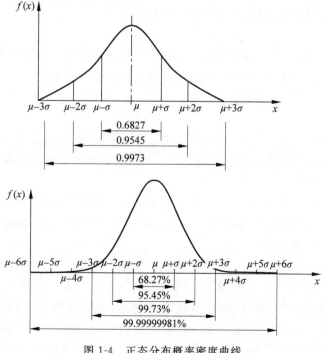

图 1-4　正态分布概率密度曲线

4.抽样检验及检验批

1）检验与抽样检验

检验是指用某种方法（技术手段）测量、试验和计量产品的一种或多种质量特性，并将测定结果与判别标准相比较，以判别每个产品或每批产品是否合格的过程。

检验包括全数检验和抽样检验。全数检验是对总体中的全部个体逐一观察、测量、计数、登记，从而获得对总体质量水平评价结论的方法。抽样检验是按照随机抽样的原则，从总体中抽取部分个体组成样本，根据对样品进行检测的结果，推断总体质量水平的方法。

虽然只有采用全数检验才有可能得到100％的合格品，但由于下列原因，还必须采用抽样检验。

（1）破坏性检验，不能采取全数检验方式。例如，为检查钢筋混凝土梁的极限承载力，需要进行破坏性检验，数据虽能得到，但钢筋混凝土梁却被全部破坏。

（2）全数检验有时需要花很大成本，在经济上不一定合算。对于那些检验费用很高、产品本身价值又不大的产品尤其如此。

（3）检验需要时间，采取全数检验方式有时在时间上不允许。在有些情况下，来不及对一件件产品进行全数检验。

（4）即使进行全数检验，也不一定能绝对保证100％的合格品。实践经验表明，长时间重复性的检验工作会给检验人员带来疲劳，常导致错检、漏检，检验效果并不理想。有时使用大量不熟练的检验人员进行全数检验，还不如使用少量熟练检验人员进行抽样检验的效果好。

（5）抽样检验抽取样品不受检验人员主观意愿的支配，每一个个体被抽中的概率都相同，从而保证了样本在总体中的分布比较均匀，有充分的代表性。同时它还具有节省人力、物力、财力、时间和准确性高的优点，又可用于破坏性检验和生产过程的质量监控，完成全数检验无法进行的检验项目，具有广泛的应用空间。

2）检验批

提供检验的一批产品称为检验批，检验批中所包含的单位产品数量称为批量。构成一批的所有单位产品不应有本质的差别，只能有随机的波动。因此，一个检验批应当由在基本相同条件下、大约相同时期内制造的同形式、同等级、同种类、同尺寸以及同成分的单位产品组成。

批量的大小没有规定。一般地，质量不太稳定的产品，以小批量为宜；质量很稳定的产品，批量可以大一些，但不能过大。批量过大，一旦误判，造成的损失也很大。

5.抽样检验方法

要使样本的数据能够反映总体的全貌，样本必须能够代表总体的质量特性。因此，样本数据的收集应建立在随机抽样的基础上。随机抽样可分为简单随机抽样、系统随机抽样、分层随机抽样和多阶段抽样等。

1）简单随机抽样

简单随机抽样又称纯随机抽样、完全随机抽样，是指排除人的主观因素，直接从包含 N 个抽样单元的总体中按不放回抽样抽取 N 个单元，使包含 N 个个体的所有可能的组合被抽出的概率都相等的一种抽样方法。实践中，常借助于随机数骰子或随机数表进行随机抽样。这种抽样方法广泛应用于原材料、购配件的进货检验和分项工程、分部工程、单位工程完工后的检验。

根据《随机数的产生及其在产品质量抽样检验中的应用程序》(GB/T 10111—2008)，随机数骰子是由均质材料制成的正二十面体，在 20 个面上，0～9 数字各出现 2 次。使用时，根据需要选取 m 个骰子，并规定好每种颜色的骰子各代表的位数。例如，选用红、黄、蓝3 种颜色的骰子。规定红色骰子上出现的数字表示百位数，黄色骰子上出现的数字表示十位数，蓝色骰子上出现的数字表示个位数，并特别规定，m 个骰子上出现的数字均为零时，表示 10^m。

(1) 随机抽样程序。将抽样单元或单位产品按自然数从 1 开始顺序编号，然后用获得的随机数对号抽取。

(2) 读取随机数的方法。

① 确定骰子个数。根据总体大小或批量 N 选定 m 个骰子，见表 1-2。

表 1-2　骰子个数的确定

批量 N 的范围	骰子个数 m	批量 N 的范围	骰子个数 m
$1 \leqslant N \leqslant 10$	1	$1\ 001 \leqslant N \leqslant 10\ 000$	4
$11 \leqslant N \leqslant 100$	2	$10\ 001 \leqslant N \leqslant 100\ 000$	5
$101 \leqslant N \leqslant 1\ 000$	3	$100\ 001 \leqslant N \leqslant 1\ 000\ 000$	6

当 $N>10^6$ 或骰子丢失、损坏时，可采用重复使用骰子的方法。例如，可用 1 个骰子摇 m 次代表 m 个骰子摇 1 次。规定摇第一次骰子所得数字为随机数的最高位，摇第二次骰子所得数字为随机数的第二位，依此类推。

② 简单随机抽样时读取随机数的方法。如骰子表示的随机数 $R_0 \leqslant N$，随机数 R 就取 R_0；若 $R_0 > N$，则舍弃不用，重摇骰子。重复上述过程，直到取得几个不同的随机数为止。

2) 系统随机抽样

系统随机抽样是将总体中的抽样单元按某种次序排列，在规定的范围内随机抽取一个或一组初始单元，然后按一套规则确定其他样本单元的抽样方法。如第一个样本随机抽取，然后每隔一定时间或空间抽取一个样本。因此，系统随机抽样又称为机械随机抽样。

设批量为 N，从中抽取 n 个，将 N 个产品编上号码 1～N。用记号 $[N/n]$ 表示 N/n 的整数部分。例如，$N=100$，$n=8$，则 $[100/8]=12$。以 $[N/n]$ 为抽样间隔，依照简单随机抽样在 1～$[N/n]$ 随机选取一个整数作为样本中第一个单位产品的号码，然后以此号码为基础，每隔 $[N/n]-1$ 个产品抽一个号码。按照这种规则抽取号码，可能抽 n 个，也可能抽 $n+1$ 个。后一种情况出现时，可从中任意去掉一个，以得到所需的样本个数。这种抽样方法称为系统随机抽样，所得到的样本称为系统样本。

在上面的例子中，$[N/n]=12$，如果先抽第 1 号样品，则依次抽取的样品号码为 1、13、25、37、49、61、73、85、97。由于 $n=8$，因此，可从这 9 个号码中任意去掉一个。类似地，如果先抽第 12 号样品，则依次抽取的样品号码为 12、24、36、48、60、72、84、96。

3) 分层随机抽样

分层随机抽样是将总体分割成互不重叠的子总体(层)，在每层中独立地按给定的样本量进行简单随机抽样。例如，由不同班组生产的同一种产品组成一个批，在这种情况下，考虑各班组生产的产品质量可能有波动，为了取得有代表性的样本，可将整批产品分成若干层

（每个班组生产的产品看作一层）。

在分层随机抽样中，如果按各层在整批中所占比例进行抽样，则称为分层按比例抽样。设批量为 N，从中抽取 n 个单位产品。将此批产品分为 m 层，各层分别有 $N_1, N_2, \cdots, N_m$ 个单位产品，如分层按比例抽样，则各层抽取的单位产品数依次为 $nN_1/N, nN_2/N, \cdots, nN_m/N$。例如，批量 $N=1\,000$，其中甲班生产 600 件，乙班生产 400 件，假定 $n=30$，分层按比例抽样，则应从甲班生产的产品中抽取 18 件，从乙班生产的产品中抽取 12 件，合在一起，即组成 $n=30$ 的样本。

4）多阶段抽样

多阶段抽样又称多级抽样。上述抽样方法的共同特点是整个过程中只有一次随机抽样，因而统称为单阶段抽样。但是当总体很大时，很难一次抽样完成预定的目标。多阶段抽样是将各种单阶段抽样方法结合使用，通过多次随机抽样实现的抽样方法。如检验钢材、水泥等质量时，可以对总体按不同批次分为 R 群，从中随机抽取 r 群，而后在中选的 r 群中的 M 个个体中随机抽取 m 个个体，这就是整群抽样与分层抽样相结合的二阶段抽样，它的随机性表现在群间和群内有两次。

6. 抽样检验的分类及抽样方案

按检验特性值的属性可以将抽样检验分为计量型抽样检验和计数型抽样检验两大类。

1）计量型抽样检验

有些产品的质量特性属于连续型变量，其特点是在任意两个数值之间都可以取精度较高一级的数值。它通常由测量得到，如重量、强度、几何尺寸、标高、位移等。此外，一些属于定性的质量特性，可由专家主观评分、划分等级而使之数量化，得到的数据也属于计量值数据。

计量型抽样检验是定量地检验从批量中随机抽取的样本，利用样本特性值数据计算相应统计量，并与判定标准比较，以判断其是否合格。

2）计数型抽样检验

有些产品的质量特性，如焊点的不良数、测试坏品数以及合格与否，只能通过离散的尺度衡量，把抽取样本后通过离散尺度衡量的方法称为计数型抽样检验。

计数型抽样检验是对单位产品的质量采取计数的方法衡量，对整批产品的质量，一般采用平均质量衡量。计数型抽样检验方案又可分为一次抽样检验、二次抽样检验、多次抽样检验等。

（1）一次抽样检验。一次抽样检验是最简单的计数型抽样检验方案，通常用 (N, n, C) 表示。此检验是从批量为 N 的交验产品中随机抽取 n 件进行检验，并且预先规定一个合格判定数 C。如果发现 n 中有 d 件不合格品，当 $d \leqslant C$ 时，则判定该批产品合格；当 $d > C$ 时，则判定该批产品不合格。一次抽样检验程序如图 1-5 所示。

（2）二次抽样检验。二次抽样检验也称双次抽样检验。如前所述，一次抽样检验涉及 3 个参数 (N, n, C)。而二次抽样检验则包括 5 个参数，即 (N, n_1, n_2, C_1, C_2)。其中：

n_1——第一次抽取的样本数；

n_2——第二次抽取的样本数；

C_1——第一次抽取样本时的不合格判定数；

C_2——第二次抽取样本时的不合格判定数。

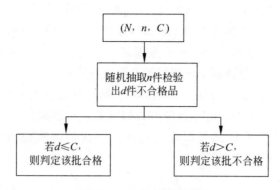

图 1-5 一次抽样检验程序

二次抽样检验的操作程序：在检验批量为 N 的一批产品中，随机抽取 n_1 件产品进行检验。发现 n_1 中的不合格数为 d_1，则：

① 若 $d_1 \leqslant C_1$，则判定该批产品合格；

② 若 $d_1 > C_2$，则判定该批产品不合格；

③ 若 $C_1 < d_1 \leqslant C_2$，不能判定是否合格，则在同批产品中继续随机抽取 n_2 件产品进行检验；若发现 n_2 中有 d_2 件不合格品，则将 $d_1 + d_2$ 与 C_2 进行比较判定；若 $d_1 + d_2 \leqslant C_2$，则判定该批产品合格；若 $d_1 + d_2 > C_2$，则判定该批产品不合格。

二次抽样检验程序如图 1-6 所示。

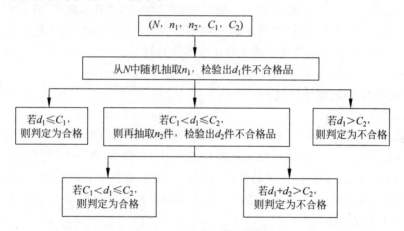

图 1-6 二次抽样检验程序

例如，当二次抽样检验方案设为 $N = 1\,000$，$n_1 = 36$，$n_2 = 59$，$C_1 = 0$，$C_2 = 3$ 时，需随机抽取第一个样本 $n_1 = 36$ 件产品进行检验，若所发现的不合格品数 d_1 为零，则判定该批产品合格；若 $d_1 > 3$，则判定该批产品不合格；若 $0 < d_1 \leqslant 3$（在 $n_1 = 36$ 件产品中发现 1 件、2 件或 3 件不合格），则需继续抽取第二个样本 $n_2 = 59$ 件产品进行检验，得到 n_2 中不合格品数 d_2。若 $d_1 + d_2 \leqslant 3$，则判定该批产品合格；若 $d_1 + d_2 > 3$，则判定该批产品不合格。

《钢结构焊接规范》(GB 50661—2011)第 8.1.8 条是二次抽样检验的规定：①抽样检验的焊缝数不合格率小于 2% 时，该批验收合格。②抽样检验的焊缝数不合格率大于 5% 时，该批验收不合格。③除本条第⑤款情况外抽样检验的焊缝数不合格率为 2%～5% 时，应加倍抽检，且必须在原不合格部位两侧的焊缝延长线各增加 1 处，在所有抽检焊缝中不合格率不大于 3% 时,该批验收合格;大于 3% 时,该批验收不合格。④批量验收不合格时,应对余下的全部焊缝进行检验。⑤检验发现 1 处裂纹缺陷时,应加倍抽查,在加倍抽检焊缝中未再检查出裂纹缺陷时,该批验收合格;检验发现多于 1 处裂纹缺陷或加倍抽查又发现裂纹缺陷时,该批验收不合格,应对该批余下焊缝的全数进行检查。

(3) 多次抽样检验。如前所述,二次抽样检验是通过一次抽样检验或最多两次抽样检验就必须对检验的一批产品进行合格与否的判断。而多次抽样检验则允许通过 3 次以上的抽样最终对一批产品合格与否进行判断。多次抽样检验方案也规定了最多抽样次数。

3) 抽样检验风险

抽样检验是建立在数理统计基础上的,从数理统计的观点看,抽样检验必然存在两类风险。

(1) 第一类风险:弃真错误,即合格批被判定为不合格批,其概率记为 α。此类错误对生产方或供货方不利,故称为生产方风险或供货方风险。

(2) 第二类风险:存伪错误,即不合格批被判定为合格批,其概率记为 β。此类错误对用户不利,故称为用户风险。

抽样检验必然存在两类风险,要求通过抽样检验的产品 100% 合格是不合理也是不可能的,除非产品中根本就不存在不合格品。抽样检验中,两类风险控制的一般范围是 $\alpha = 1\% \sim 5\%$,$\beta = 5\% \sim 10\%$。

例如,《建筑工程施工质量验收统一标准》(GB 50300—2013)规定,在制订检验批的抽样方案时,对生产方风险(或错判概率 α)和使用方风险(或漏判概率 β)可按下列规定采取:①主控项目,对应于合格质量水平的 α 和 β 均不宜超过 5%;②一般项目,对应于合格质量水平的 α 不宜超过 5%,β 不宜超过 10%。

7. 验收抽样和监督抽样简介

1) 验收抽样检查

目前抽样检查的理论研究和实际应用,以及通行的国际标准和国外先进标准大多是针对验收检查的场合。验收抽样检查是指需方(第二方)对供方(第一方)提供的检查批进行抽样检查,以判定该批是否符合规定的要求,并决定对该批是接收还是拒收。验收抽样检查也可以委托独立于供需双方的第三方进行。由供方检验机构进行的出厂检验,广义上看有时也可以归类于验收抽样检查。

2) 监督抽样检查

在我国,产品质量监督是一项独具特点的宏观质量管理工作,其目的是利用统计抽样调查方法对产品的质量进行宏观调控。

监督抽样检查类似于验收抽样检查对孤立批的抽样,但由于质检机构能力的限制,往往不可能采用计数型抽样检验那样的大样本,而只能采用小样本抽样的方法。鉴于对检查不合格的企业可能采取较严厉的处罚措施,因此,对受监督方的保护必要时予以优先考虑,即把供方风险控制为较小的数值,在此前提下只能放松对需方风险的控制。

监督抽样检查的对象称为监督总体,是指受监督的产品的集合。通常把监督抽查时在场的产品作为监督总体,当监督抽样抽查不通过时,可以对不在场的产品进行合理追溯。

在质量监督场合,同样也把不合格品分为 A、B、C 3 类,对不同类别不合格品的质量特性要分别组成不同的试验组,按相应的抽样方案分别进行抽样检查。对某一个试验组若 $d<R$,则判定该组不可通过。只有当所有试验组都判定为可通过时,才能判定监督总体可通过或监督抽查合格;否则,应判定监督总体不可通过或监督抽查不合格。

1.3.2　工程质量统计分析方法

1. 统计调查表法

统计调查表法又称统计调查分析法,是利用专门设计的统计表对质量数据进行收集、整理和粗略分析质量状态的一种方法。

在质量控制活动中,利用统计调查表收集数据,简便灵活,便于整理,实用有效。它没有固定格式,可根据需要和具体情况设计不同统计调查表。常用的有以下4种。

(1) 分项工程作业质量分布调查表,如预制混凝土构件外观质量问题调查表(见表1-3)。

(2) 不合格项目调查表。

(3) 不合格原因调查表。

(4) 施工质量检查评定用调查表等。

表 1-3　预制混凝土构件外观质量问题调查表

产品名称	预制混凝土构件		生产班组		
日生产总数	200 块	生产时间	年　月　日	检查时间	年　月　日
检查方式	全数检查		检查员		
项目名称	检查记录		合　计		
露筋	正		5		
蜂窝	正正一		11		
孔洞	正		5		
裂缝	一		1		
其他	正正		10		
总计			32		

应当指出,统计调查表法往往同分层法结合应用,可以更好、更快地找出问题的原因,以便采取改进的措施。

2. 分层法

分层法又叫分类法,是将调查收集的原始数据,根据不同的目的和要求,按某一性质进行分组、整理的分析方法。分层的结果使数据各层间的差异突出地显示,层内的数据差异减少。在此基础上再进行层间、层内的比较分析,可以更深入地发现和认识质量问题的原因。由于产品质量是多方面因素共同作用的结果,因而对同一批数据可以按不同性质分层,使我们能从不同角度考虑、分析产品存在的质量问题和影响因素。

常用的分层标志有:

(1) 按操作班组或操作者分层。

(2) 按使用机械设备型号分层。

(3) 按操作方法分层。

（4）按原材料供应单位、供应时间或等级分层。

（5）按施工时间分层。

（6）按检查手段、工作环境等分层。

现举例说明分层法的应用。

【例1-1】 钢筋焊接质量的调查分析共检查了50个焊接点，其中不合格19个，不合格率为38%。存在严重的质量问题，试用分层法分析质量问题的原因。

现已查明这批钢筋的焊接是由A、B、C 3个操作者操作的，而焊条是由甲、乙两个厂家提供的。因此，分别按操作者和焊条生产厂家进行分层分析，即考虑一种因素单独的影响，见表1-4和表1-5。

表1-4 按操作者分层

操作者	不合格	合 格	不合格率/%
A	6	13	32
B	3	9	25
C	10	9	53
合计	19	31	38

表1-5 按供应焊条厂家分层

工 厂	不合格	合 格	不合格率/%
甲	9	14	39
乙	10	17	37
合计	19	31	38

由表1-4和表1-5分层分析可见，操作者B的质量较好，不合格率25%；而不论是采用甲厂还是乙厂的焊条，不合格率都很高且相差不大。为了找出问题所在，进一步采用综合分层进行分析，即考虑两种因素共同影响的结果，见表1-6。

表1-6 综合分层分析焊接质量

操作者	焊接质量	甲 厂		乙 厂		合 计	
		焊接点	不合格率/%	焊接点	不合格率/%	焊接点	不合格率/%
A	不合格 合格	6 2	75	0 11	0	6 13	32
B	不合格 合格	0 5	0	3 4	43	3 9	25
C	不合格 合格	3 7	30	7 2	78	10 9	53
合计	不合格 合格	9 14	39	10 17	37	19 31	38

由表1-6可知，使用甲厂的焊条时，采用B师傅的操作方法为好；使用乙厂的焊条时，采用A师傅的操作方法为好，这样会使合格率大大提高。

分层法是质量控制统计分析方法中最基本的一种方法。其他统计方法一般都要与分层法配合使用，如排列图法、直方图法、控制图法、相关图法等，常常是首先利用分层法将原始数据分门别类，然后再进行统计分析。

3. 排列图法

1）排列图法概念

排列图法是利用排列图寻找影响质量主次因素的一种有效方法。排列图又叫帕累托图或主次因素分析图，是由两个纵坐标、一个横坐标、几个连起来的直方形和一条曲线组成，如图 1-7 所示。左侧的纵坐标表示频数，右侧的纵坐标表示累计频率，横坐标表示影响质量的各个因素或项目按影响程度大小从左至右排列，直方形的高度示意某个因素的影响大小。实际应用中，通常按累计频率划分为 $0 \sim 80\%$、$80\% \sim 90\%$、$90\% \sim 100\%$ 共 3 部分，与其对应的影响因素分别为 A、B、C 3 类，A 类为主要因素，B 类为次要因素，C 类为一般因素。

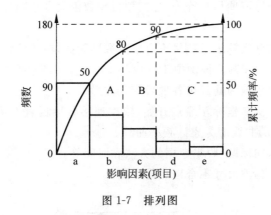

图 1-7　排列图

2）排列图的作法

下面结合实例加以说明。

【例 1-2】　某工地现浇混凝土构件尺寸质量检查结果：在全部检查的 8 个项目中不合格点（超偏差限值）有 150 个，为改进并保证质量，应对这些不合格点进行分析，以便找出混凝土构件尺寸质量的薄弱环节。

（1）收集整理数据。首先，收集混凝土构件尺寸各项目不合格点的数据资料，见表 1-7。各项目不合格点出现的次数即频数。其次，对数据资料进行整理，将不合格点较少的轴线位置、预埋设施中心位置、预留孔洞中心位置 3 项合并为"其他"项。按不合格点的频数由大到小顺序排列各检查项目，"其他"项排在最后。以全部不合格点数为总数，计算各项的频率和累计频率，结果见表 1-8。

表 1-7　不合格点统计

序号	检 查 项 目	不合格点数	序号	检 查 项 目	不合格点数
1	轴线位置	1	5	平面水平度	15
2	垂直度	8	6	表面平整度	75
3	标高	4	7	预埋设施中心位置	1
4	截面尺寸	45	8	预留孔洞中心位置	1

表 1-8 不合格点项目频数频率统计

序号	项目	频数	频率/%	累计频率/%
1	表面平整度	75	50.0	50.0
2	截面尺寸	45	30.0	80.0
3	平面水平度	15	10.0	90.0
4	垂直度	8	5.3	95.3
5	标高	4	2.7	98.0
6	其他	3	2.0	100.0
合计		150	100.0	

（2）排列图的绘制。

① 画横坐标，将横坐标按项目数等分，并按项目频数由大到小顺序从左至右排列，该例中横坐标分为六等份。

② 画纵坐标，左侧的纵坐标表示项目不合格点数即频数，右侧的纵坐标表示累计频率。要求总频数对应累计频率 100%。该例中 150 应与 100% 在一条水平线上。

③ 画频数直方形，以频数为高画出各项目的直方形。

④ 画累计频率曲线，从横坐标左端点开始，依次连接各项目直方形右边线及所对应的累计频率值的交点，所得的曲线即为累计频率曲线。

⑤ 记录必要的事项，如标题、收集数据的方法和时间等。

图 1-8 所示为混凝土构件尺寸不合格点排列图。

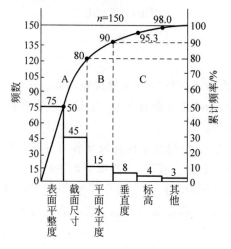

图 1-8　混凝土构件尺寸不合格点排列图

（3）排列图的观察与分析。

① 观察直方形，大致可看出各项目的影响程度。排列图中的每个直方形都表示一个质量问题或影响因素。影响程度与各直方形的高度成正比。

② 利用 ABC 分类法，确定主次因素。将累计频率曲线按 0～80%、80%～90%、90%～100% 分为 3 部分，各曲线下面所对应的影响因素分别为 A、B、C 3 类因素，该例中 A 类即主要因素是表面平整度（2m 长度）、截面尺寸（梁、柱、墙板、其他构件），B 类即次要因素是平面

水平度,C类即一般因素有垂直度、标高和其他项目。综上分析结果,下一步应重点解决A类等质量问题。

(4) 排列图的应用。排列图可以形象、直观地反映主次因素。其主要应用如下。

① 按不合格点的内容分类,可以分析出造成质量问题的薄弱环节。

② 按生产作业分类,可以找出生产不合格品最多的关键过程。

③ 按生产班组或单位分类,可以分析比较各单位技术水平和质量管理水平。

④ 将采取提高质量措施前后的排列图对比,可以分析措施是否有效。

此外,还可以用于成本费用分析、安全问题分析等。

4. 因果分析图法

1) 因果分析图法概念

因果分析图法是利用因果分析图系统整理分析某个质量问题(结果)与其产生原因之间关系的有效工具。因果分析图也称特性要因图,又因其形状常被称为树枝图或鱼刺图。

因果分析图基本形式如图1-9所示。

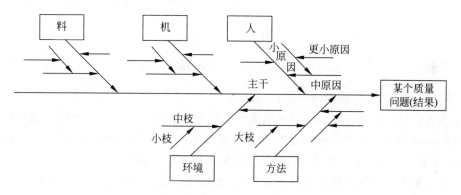

图1-9　因果分析图基本形式

由图1-9可见,因果分析图由质量特性(质量结果是指某个质量问题)、要因(产生质量问题的主要原因)、枝干(是指一系列箭线表示不同层次的原因)、主干(是指较粗的直接指向质量结果的水平箭线)等所组成。

2) 因果分析图的绘制

下面结合实例加以说明。

【例1-3】　绘制混凝土强度不足的因果分析图。

因果分析图的绘制步骤与图中箭头方向恰恰相反,是从"结果"开始将原因逐层分解的,具体步骤如下。

(1) 明确质量问题(结果)。本例分析的质量问题是"混凝土强度不足",作图时首先由左至右画出一条水平主干线,箭头指向一个矩形框,框内注明研究的问题,即结果。

(2) 分析确定影响质量特性大的方面的原因。一般来说,影响质量因素有五大方面,即人、机械设备、材料、方法、环境。另外,还可以按产品的生产过程进行分析。

(3) 将每种大原因进一步分解为中原因、小原因,直至分解的原因可以采取具体措施加以解决为止。

(4) 检查图中的所列原因是否齐全,可以对初步分析结果广泛征求意见,并做必要的补充及修改。

选择出现数量多、影响大的关键因素,作出标记"△",以便重点采取措施。

图 1-10 所示是混凝土强度不足的因果分析图。

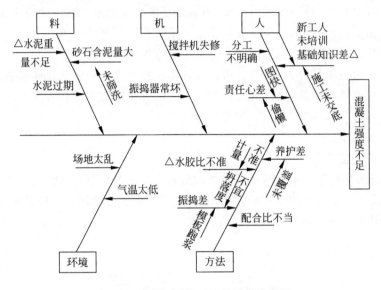

图 1-10　混凝土强度不足的因果分析图

3)绘制和使用因果分析图时应注意的问题

(1)集思广益。绘制时要求绘制者熟悉专业施工方法技术,调查、了解施工现场实际条件和操作的具体情况。要以各种形式广泛收集现场工人、班组长、质量检查员、工程技术人员的意见,集思广益,相互启发、相互补充,使因果分析更符合实际。

(2)制定对策。绘制因果分析图不是目的,而是要根据图中所反映的主要原因制定改进的措施和对策,限期解决问题,保证产品质量。具体实施时,一般应编制一个对策计划表。

表 1-9 是混凝土强度不足的对策计划表。

表 1-9　混凝土强度不足的对策计划表

项目	序号	产生问题的原因	采取的对策	执行人	完成时间
人	1	分工不明确	根据个人特长确定每项作业的负责人及各操作人员职责、挂牌示出		
	2	基本知识差	① 组织学习操作规程; ② 搞好技术交底		
机械	3	振捣器常坏	① 使用前检修一次; ② 施工时配备电工; ③ 备用振捣器		
	4	搅拌机失修	① 使用前检修一次; ② 施工时配备检修工人		
材料	5	水泥重量不足	进行水泥重量统计		
	6	原材料不合格	对砂、石、水泥进行各项指标试验		
	7	砂、石含泥量大	冲洗		

续表

项目	序号	产生问题的原因	采取的对策	执行人	完成时间
方法	8	配合比不当	① 根据数理统计结果,按施工实际水平进行配比计算; ② 进行实验		
	9	水胶比偏差	① 制作试块; ② 捣制时每半天测砂石含水率一次; ③ 捣制时控制坍落度偏差在 5cm 以下		
	10	计量不准	校正磅秤		
环境	11	场地乱	认真清理,搞好平面布置,现场实行分片制		
	12	气温低	准备草包,养护落实到人		

5. 直方图法

1) 直方图法的用途

直方图法即频数分布直方图法,它是将收集到的质量数据进行分组整理,绘制成频数分布直方图,用以描述质量分布状态的一种分析方法,所以又称质量分布图法。

通过直方图的观察与分析,可了解产品质量的波动情况,掌握质量特性的分布规律,以便对质量状况进行分析判断。同时可通过质量数据特征值的计算,估算施工生产过程总体的不合格品率,评价过程能力等。

2) 直方图的绘制方法

(1) 收集整理数据。用随机抽样的方法抽取数据,一般要求数据在 50 个以上。

【例 1-4】 某建筑施工工地浇筑 C30 混凝土,为对其抗压强度进行质量分析,共收集了 50 份抗压强度试验报告单,经整理见表 1-10。

表 1-10 数据整理 单位:N/mm²

序号	抗压强度数据					最大值	最小值
1	39.8	37.7	33.8	31.5	36.1	39.8	31.5*
2	37.2	38.0	33.1	39.0	36.0	39.0	33.1
3	35.8	35.2	31.8	37.1	34.0	37.1	31.8
4	39.9	34.3	33.2	40.4	41.2	41.2	33.2
5	39.2	35.4	34.4	38.1	40.3	40.3	34.4
6	42.3	37.5	35.5	39.3	37.3	42.3	35.5
7	35.9	42.4	41.8	36.3	36.2	42.4	35.9
8	46.2	37.6	38.3	39.7	38.0	46.2*	37.6
9	36.4	38.3	43.4	38.2	38.0	42.4	36.4
10	44.4	42.0	37.9	38.4	39.5	44.4	37.9

(2) 计算极差 R。极差 R 是数据中最大值和最小值之差,本例中:

$$X_{max} = 46.2N/mm^2, X_{min} = 31.5N/mm^2$$

$$R = X_{max} - X_{min} = 46.2 - 31.5 = 14.7(N/mm^2)$$

(3) 对数据分组。包括确定组数、组距和组限。

① 确定组数 k。确定组数的原则是分组的结果能正确反映数据的分布规律。组数应根

据数据多少确定。组数过少,会掩盖数据的分布规律;组数过多,使数据过于零乱分散,也不能显示质量分布状况。一般可参考表 1-11 的经验数值确定。

表 1-11　数据分组参考值

数据总数 n	分组数 k	数据总数 n	分组数 k	数据总数 n	分组数 k
50～100	6～10	100～250	7～12	250 以上	10～20

本例中取 $k=8$。

② 确定组距 h。组距是组与组之间的间隔,即一个组的范围。各组距应相等,于是有:

$$极差 \approx 组距 \times 组数$$

$$R \approx h \cdot k$$

因而组数、组距的确定应结合极差综合考虑,适当调整,还要注意数值尽量取整,使分组结果能包括全部变量值,同时也便于以后的计算分析。

本例中:

$$h = \frac{R}{k} = \frac{14.7}{8} = 1.838 \approx 2(\text{N/mm}^2)$$

③ 确定组限。每组的最大值为上限,最小值为下限,上、下限统称组限,确定组限时应注意使各组之间连续,即较低组上限应为相邻较高组下限,这样才不致使有的数据被遗漏。对恰恰处于组限值上的数据,其解决的办法有两种:一种是规定每组上(或下)组限不计入该组内,而应计入相邻较高(或较低)组内;另一种是将组限值较原始数据精度提高半个最小测量单位。

本例采取第一种办法划分组限,即每组上限不计入该组内。

首先确定第一组下限:$X_{\min} - \frac{h}{2} = 31.5 - \frac{2.0}{2} = 30.5$;

第一组上限:$30.5 + h = 30.5 + 2 = 32.5$;

第二组下限=第一组上限=32.5;

第二组上限:$32.5 + h = 32.5 + 2 = 34.5$。

以下以此类推,最高组限为 44.5～46.5,分组结果覆盖了全部数据。

④ 编制数据频数统计表。统计各组频数,频数总和应等于全部数据个数。本例频数统计结果见表 1-12。

表 1-12　频数统计

组号	组限/(N/mm²)	频数统计	频数	组号	组限/(N/mm²)	频数统计	频数
1	30.5～32.5	丁	2	5	38.5～40.5	正正	9
2	32.5～34.5	正一	6	6	40.5～42.5	正	5
3	34.5～36.5	正正	10	7	42.5～44.5	丁	2
4	36.5～38.5	正正正	15	8	44.5～46.5	一	1
合　　计							50

由表 1-12 可以看出,浇筑 C30 混凝土,50 个试块的抗压强度是各不相同的,这说明质量特性值是有波动的。但这些数据分布有一定规律,即数据在一个有限范围内变化,且这种

变化有一个集中趋势,即强度值在 36.5～38.5 的试块最多,可把这个范围即第 4 组视为该样本质量数据的分布中心,随着强度值的逐渐增大和逐渐减小,分布数据逐渐减小。为了更直观、更形象地表现质量特征值的这种分布规律,应进一步绘制直方图。

⑤ 绘制频数分布直方图。在频数分布直方图中,横坐标表示质量特性值,本例中为混凝土强度,并标出各组的组限值。根据表 1-12 可以画出以组距为底,以频数为高的 k 个直方形,便得到混凝土强度的频数分布直方图,见图 1-11。

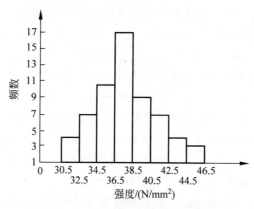

图 1-11　混凝土强度的频数分布直方图

3) 直方图的观察与分析

(1) 观察直方图的形状、判断质量分布状态。做完直方图后,首先要认真观察直方图的整体形状,看其是否是属于正常型直方图。正常型直方图就是中间高、两侧低、左右接近对称的图形,如图 1-12(a)所示。

出现非正常型直方图时,表明产生过程或收集数据作图有问题。这就要求进一步分析判断,找出原因,从而采取措施加以纠正。凡属非正常型直方图,其图形分布有各种不同缺陷,归纳起来一般有 5 种类型,如图 1-12 所示。

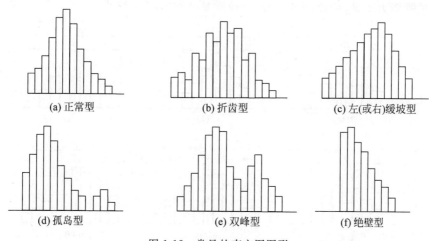

图 1-12　常见的直方图图形

① 折齿型[图 1-12(b)],主要是由于分组组数不当或者组距确定不当出现的直方图。

② 左(或右)缓坡型[图 1-12(c)],主要是由于操作中对上限(或下限)控制太严造成的。

③ 孤岛型[图 1-12(d)]，主要是原材料发生变化，或者临时他人顶班作业造成的。

④ 双峰型[图 1-12(e)]，主要是由于用两种不同方法或两台设备或两组工人进行生产，然后把两方面数据混在一起整理产生的。

⑤ 绝壁型[图 1-12(f)]，主要是由于数据收集不正常，可能有意识地去掉下限以下的数据，或是在检测过程中存在某种人为因素造成的。

(2) 将直方图与质量标准比较，判断实际生产过程能力。作出直方图后，除了观察直方图形状、分析质量分布状态外，再将正常型直方图与质量标准比较，从而判断实际生产过程能力。正常型直方图与质量标准相比较，一般有如图 1-13 所示 6 种情况。图 1-13 中，T 表示质量标准要求界限；B 表示实际质量特性分布范围。

① 图 1-13(a)，B 在 T 中间，质量分布中心 $\bar{x}$ 与质量标准中心 M 重合，实际数据分布与质量标准相比较两边还有一定余地。这样的生产过程质量是很理想的，说明生产过程处于正常的稳定状态。在这种情况下生产的产品可认为全都是合格品。

② 图 1-13(b)，B 虽然落在 T 内，但质量分布中心 $\bar{x}$ 与 T 的质量标准中心 M 不重合，偏向一边。这样如果生产状态一旦发生变化，就可能超出质量标准下限而出现不合格品。出现这种情况时应迅速采取措施，使直方图移到中间。

③ 图 1-13(c)，B 在 T 中间，且 B 的范围接近 T 的范围，没有余地，生产过程一旦发生小的变化，产品的质量特性值就可能超出质量标准。出现这种情况时，必须立即采取措施，以缩小质量分布范围。

④ 图 1-13(d)，B 在 T 中间，但两边余地太大，说明加工过于精细，不经济。在这种情况下，可以对原材料、设备、工艺、操作等控制要求适当放宽些，有目的地使 B 扩大，从而有利于降低成本。

⑤ 图 1-13(e)，质量分布范围 B 已超出标准下限之外，说明已出现不合格品。此时必须采取措施进行调整，使质量分布位于质量标准之内。

⑥ 图 1-13(f)，质量分布范围完全超出了质量标准上、下界限，散差太大，产生许多废品，说明过程能力不足，应提高过程能力，使质量分布范围 B 缩小。

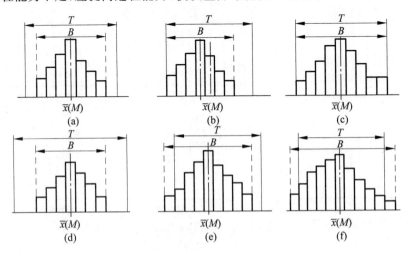

图 1-13　实际质量分布与质量标准比较

6. 控制图法

1) 控制图的基本形式及其用途

控制图又称管理图。它是在直角坐标系内画有控制界限,描述生产过程中产品质量波动状态的图形。利用控制图区分质量波动原因,判明生产过程是否处于稳定状态的方法称为控制图法。

(1) 控制图的基本形式,如图 1-14 所示。

横坐标为样本(子样)序号或抽样时间,纵坐标为被控制对象,即被控制的质量特性值。控制图上一般有 3 条线. 在上面的一条虚线称为上控制界限,用符号 UCL 表示;在下面的一条虚线称为下控制界限,用符号 LCL 表示;中间的一条实线称为中心线,用符号 CL 表示。中心线标志质量特性值分布的中心位置,上、下控制界限标志质量特性值允许波动范围。

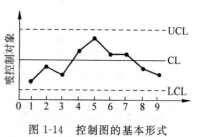

图 1-14 控制图的基本形式

在生产过程中通过抽样取得数据,把样本统计量描在图上分析判断生产过程状态。如果点子随机地落在上、下控制界限内,则表明生产过程正常处于稳定状态,不会产生不合格品;如果点子超出控制界限或点子排列有缺陷,则表明生产条件发生了异常变化,生产过程处于失控状态。

(2) 控制图的用途。控制图是用样本数据分析判断生产过程是否处于稳定状态的有效工具。它的用途主要有两个:①过程分析,即分析生产过程是否稳定,为此,应随机连续收集数据,绘制控制图,观察数据点分布情况并判定生产过程状态;②过程控制,即控制生产过程质量状态,为此,要定时抽样取得数据,将其变为点子描在图上,发现并及时消除生产过程中的失调现象,预防不合格品的产生。

前述排列图法、直方图法是质量控制的静态分析法,反映的是质量在某一段时间里的静止状态。然而产品都是在动态的生产过程中形成的,因此,在质量控制中单用静态分析法显然是不够的,还必须有动态分析法。只有动态分析法才能随时了解生产过程中质量的变化情况,及时采取措施,使生产处于稳定状态,起到预防出现废品的作用。控制图法就是典型的动态分析法。

2) 控制图的原理

影响生产过程和产品质量的原因,可分为系统性原因和偶然性原因。

在生产过程中,如果仅存在偶然性原因影响,而不存在系统性原因,这时生产过程是处于稳定状态的,或称为控制状态。其产品质量特性值的波动是有一定规律的,即质量特性值分布服从正态分布。控制图就是利用这个规律识别生产过程中的异常原因,控制系统性原因造成的质量波动,保证生产过程处于控制状态。

如何衡量生产过程是否处于稳定状态呢?我们知道,一定状态下生产的产品质量是具有一定分布规律的,过程状态发生变化,产品质量分布也随之改变。观察产品质量分布情况,一是看分布中心位置(μ);二是看分布的离散程度(σ)。这可通过图 1-15 所示的 4 种情况说明。

图 1-15(d)反映产品质量分布中心和散差都发生了较大变化,即 $\mu(x)$ 值偏离标准中心,$\sigma(s)$ 值增大。

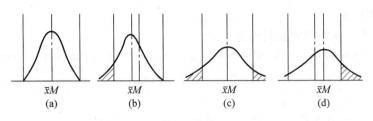

图 1-15　质量特性值分布变化

后 3 种情况都是由于生产过程中存在异常原因引起的,都出现了不合格品,应及时分析,消除异常原因的影响。综上所述,我们可依据描述产品质量分布的集中位置和离散程度的统计特征值,随时间(生产进程)的变化情况分析生产过程是否处于稳定状态。在控制图中,只要样本质量数据的特征值是随机地落在上、下控制界限之内,就表明产品质量分布的参数 μ 和 σ 基本保持不变,生产中只存在偶然原因,生产过程是稳定的。而一旦发生了质量数据点飞出控制界限之外,或排列有缺陷,则说明生产过程中存在系统原因,使 μ 和 σ 发生了改变,生产过程出现异常情况。

3) 控制图的种类

(1) 按用途分类。

① 分析用控制图。主要是用来调查分析生产过程是否处于控制状态。绘制分析用控制图时,一般需连续抽取 20~25 组样本数据,计算控制界限。

② 管理(或控制)用控制图。主要用来控制生产过程,使之经常保持在稳定状态下。当根据分析用控制图判明生产处于稳定状态时,一般都是把分析用控制图的控制界限延长作为管理(或控制)用控制图的控制界限,并按一定的时间间隔取样、计算、打点,根据点子分布情况,判断生产过程是否有异常原因影响。

(2) 按质量数据特点分类。

① 计量值控制图。主要适用于质量特性值属于计量值的控制,如时间、长度、重量、强度、成分等连续型变量。计量值性质的质量特性值服从正态分布规律。常用的计量值控制图有 $\bar{x}\text{-}R$ 控制图、$\bar{x}$ 控制图和 $x\text{-}R_{s}$ 控制图。

② 计数值控制图。通常用于控制质量数据中的计数值,如不合格品数、疵点数、不合格品率、单位面积上的疵点数等离散型变量。根据计数值的不同又可分为计件值控制图和计点值控制图。计件值控制图有不合格品数 pn 控制图和不合格品率 p 控制图。计点值控制图有缺陷数 c 控制图和单位缺陷数 μ 控制图。

4) 控制图的观察与分析

绘制控制图的目的是分析判断生产过程是否处于稳定状态。这主要是通过对控制图上点子的分布情况的观察与分析进行。因为控制图上点子作为随机抽样的样本,可以反映生产过程(总体)的质量分布状态。

当控制图同时满足两个条件,即点子几乎全部落在控制界限之内,控制界限内的点子排列没有缺陷,我们就可以认为生产过程基本上处于稳定状态。如果点子的分布不满足其中任何一条,都应判断生产过程为异常。

(1) 点子几乎全部落在控制界限内是指应符合下述 3 个要求:①连续 25 点以上处于控制界限内;②连续 35 点中仅有 1 点超出控制界限;③连续 100 点中不多于 2 点超出控制

界限。

（2）点子排列没有缺陷是指点子的排列是随机的，没有出现异常现象。这里的异常现象是指点子排列出现了"链""多次同侧""趋势或倾向""周期性变动""接近控制界限"等情况。

① 链是指点子连续出现在中心线一侧的现象。出现 5 点链，应注意生产过程发展状况。出现 6 点链，应开始调查原因。出现 7 点链，应判定工序异常，需采取处理措施，如图 1-16(a)所示。

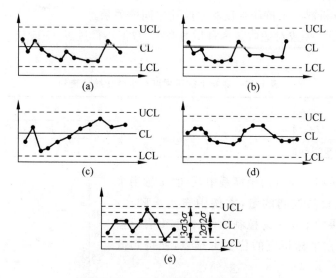

图 1-16 有异常现象的点子排列

② 多次同侧是指点子在中心线一侧多次出现的现象，或称偏离。下列情况说明生产过程已出现异常：在连续 11 点中有 10 点在同侧，如图 1-16(b)所示；在连续 14 点中有 12 点在同侧；在连续 17 点中有 14 点在同侧；在连续 20 点中有 16 点在同侧。

③ 趋势或倾向是指点子连续上升或连续下降的现象。连续 7 点或 7 点以上上升或下降排列，就应判定生产过程有异常因素影响，要立即采取措施，如图 1-16(c)所示。

④ 周期性变动即点子的排列显示周期性变化的现象。这样即使所有点子都在控制界限内，也应认为生产过程为异常，如图 1-16(d)所示。

⑤ 点子排列接近控制界限是指点子落在 $\mu \pm 2\sigma$ 以外和 $\mu \pm 3\sigma$ 以内。如属下列情况的，判定为异常：连续 3 点至少有 2 点接近控制界限；连续 7 点至少有 3 点接近控制界限；连续 10 点至少有 4 点接近控制界限，如图 1-16(e)所示。

以上是分析用控制图判断生产过程是否正常的准则。如果生产过程处于稳定状态，则把分析用控制图转为管理（或控制）用控制图。分析用控制图是静态的，而管理（或控制）用控制图是动态的。随着生产过程的进展，通过抽样取得质量数据把点描在图上，随时观察点子的变化，一旦点子落在控制界限外或控制界限上，即判断生产过程异常。点子即使在控制界限内，也应随时观察其有无缺陷，以对生产过程正常与否作出判断。

7. 相关图法

1）相关图法的用途

相关图又称散布图，在质量控制中用来显示两种质量数据之间的关系。

质量数据之间的关系多属相关关系。一般有3种类型：一是质量特性和影响因素之间的关系；二是质量特性和质量特性之间的关系；三是影响因素和影响因素之间的关系。

可以用Y和X分别表示质量特性值和影响因素，通过绘制散布图，计算相关系数等，分析研究两个变量之间是否存在相关关系，以及这种关系密切程度如何，进而通过对相关程度密切的两个变量中的一个变量的观察控制，估计控制另一个变量的数值，以达到保证产品质量的目的，这种统计分析方法称为相关图法。

2）相关图的绘制方法

【例1-5】 分析混凝土抗压强度和水胶比之间的关系。

（1）收集数据。要成对地收集两种质量数据，数据不得过少，一般应大于9组。本例收集数据见表1-13。

表1-13 混凝土抗压强度与水胶比统计资料

序 号		1	2	3	4	5	6	7	8	9
x	水胶比(W/B)	0.40	0.45	0.48	0.50	0.55	0.60	0.65	0.70	0.75
y	强度/(N/mm²)	36.3	35.5	31.5	28.2	24.0	23.0	20.6	18.4	15.0

（2）绘制相关图。在直角坐标系中，一般x轴用来代表原因的量或较易控制的量，本例中表示水胶比；y轴用来代表结果的量或不易控制的量，本例中表示强度。然后将数据在坐标相应的位置上描点，便得到散布图，如图1-17所示。

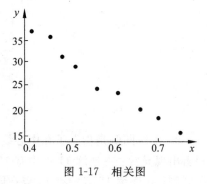

图1-17 相关图

（3）相关图的观察与分析。相关图中点的集合反映两种数据之间的散布状况，根据散布状况我们可以分析两个变量之间的关系。归纳起来，有以下6种类型，如图1-18所示。

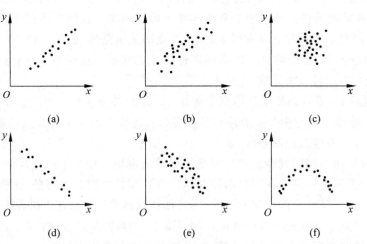

图1-18 散布图的类型

① 正相关[图1-18(a)]，散布点基本形成由左至右向上变化的一条直线带。随x值增加y值也相应增加，说明x与y有较强的制约关系。此时，可通过对x控制而有效控制y

的变化。

② 弱正相关[图 1-18(b)]，散布点形成向上较分散的一条直线带。随 x 值的增加，y 值也有增加趋势，但 x、y 的关系不像正相关那么明确。说明 y 除受 x 影响外，还受其他更重要的因素影响。需要进一步利用因果分析图法分析其他的影响因素。

③ 不相关[图 1-18(c)]，散布点形成一团或平行于 x 轴的一条直线带。说明 x 变化不会引起 y 的变化或其变化无规律，分析质量原因时可排除 x 因素。

④ 负相关[图 1-18(d)]，散布点形成由左至右向下的一条直线带。说明 x 对 y 的影响与正相关恰恰相关。

⑤ 弱负相关[图 1-18(e)]，散布点形成由左至右向下分布的较分散的一条直线带。说明 x 与 y 的相关关系较弱，且变化趋势相反，应考虑寻找影响 y 的其他更重要的因素。

⑥ 非线性相关[图 1-18(f)]，散布点呈一曲线带，即在一定范围内 x 增加，y 也增加；超过这个范围 x 增加，y 则有下降趋势，或改变变动的斜率呈曲线形态。

从图 1-18 可以看出，本例水胶比对强度影响是属于负相关。初步结果是，在其他条件不变的情况下，混凝土强度随着水胶比增大有逐渐降低的趋势。

思　考　题

1. 什么是质量？建设工程质量有哪些特性？

2. 试述工程建设各阶段对质量形成的影响。

3. 试述影响工程质量的因素。

4. 试述工程质量的特点。

5. 什么是质量控制？简述施工质量控制的主体及其控制内容。

6. 简述项目监理机构进行工程质量控制应遵循的原则。

7. 简述工程质量管理体制及政府质量监督管理的职能。

8. 工程质量管理有哪些主要制度？

9. 简述建设单位的质量责任，勘察、设计单位的质量责任，施工单位的质量责任，工程监理单位的质量责任，工程材料、构配件及设备生产或供应单位的质量责任。

10. 简述工程项目质量控制系统建立和运行的主要工作。

11. 简述工程质量统计及抽样检验的基本原理和方法。

12. 简述工程质量统计分析方法。

13. 简述质量控制的 7 种统计分析方法的各自用途。

14. 如何绘制排列图？如何利用排列图找出影响质量的主次要因素？

单元 2 建设工程施工质量控制实施

2.1 建设工程施工准备的质量控制

2.1.1 图纸会审与设计交底

1. 图纸会审

图纸会审是指建设单位、监理单位、施工单位等相关单位,在收到施工图审查机构审查合格的施工图设计文件后,在设计交底前进行熟悉和审查施工图纸的活动。监理人员应熟悉工程设计文件,并应参加建设单位主持的图纸会审会议。建设单位应及时主持召开图纸会审会议,组织项目监理机构、施工单位等相关人员进行图纸会审,并整理成会审问题清单,由建设单位在设计交底前约定的时间内提交设计单位。图纸会审由施工单位整理会议纪要,与会各方会签。

总监理工程师组织监理人员熟悉工程设计文件是项目监理机构实施事前质量控制的一项重要工作。其目的有两点:一是通过熟悉工程设计文件,了解设计意图和工程设计特点、工程关键部位的质量要求;二是发现图纸差错,将图纸中的质量隐患消灭在萌芽之中。监理人员应重点熟悉设计的主导思想与设计构思,采用的设计规范、各专业设计说明等以及工程设计文件对主要工程材料、构配件和设备的要求,对所采用的新材料、新工艺、新技术、新设备的要求,对施工技术的要求以及涉及工程质量、施工安全应特别注意的事项等。

图纸会审的内容一般包括以下几方面。

(1)审查设计图纸是否满足项目立项的功能、安全、经济适用的需求,技术是否可靠。

(2)图纸是否已经审查机构签字、盖章。

(3)地质勘探资料是否齐全,设计图纸与说明是否齐全,设计深度是否达到规范要求。

(4)设计地震烈度是否符合当地要求。

(5)总平面与施工图的几何尺寸、平面位置、标高等是否一致。

(6)防火、消防是否满足要求。

(7)各专业图纸本身是否有差错及矛盾,结构图与建筑图的平面尺寸及标高是否一致;建筑图与结构图的表示方法是否清楚,是否符合制图标准,预留、预埋件是否表示清楚。

(8)工程材料来源有无保证,新工艺、新材料、新技术的应用有无问题。

(9)地基处理方法是否合理,建筑与结构构造是否存在不能施工、不便于施工的技术问题,或容易导致质量、安全、工程费用增加等方面的问题。

(10)工艺管道、电气线路、设备装置、运输道路与建筑物之间或相互间有无矛盾。

2. 设计交底

设计单位交付工程设计文件后,按法律规定的义务就工程设计文件的内容向建设单位、施工单位和监理单位作出详细的说明。帮助施工单位和监理单位正确贯彻设计意图,加深对设计文件特点、难点、疑点的理解,掌握关键工程部位的质量要求,以确保工程质量。设计交底的主要内容一般包括施工图设计文件总体介绍,设计的意图说明,特殊的工艺要求,建筑、结构、工艺、设备等各专业在施工中的难点、疑点和容易发生的问题说明,以及对施工单位、监理单位、建设单位等对设计图纸疑问的解释等。

工程开工前,建设单位应组织并主持召开工程设计技术交底会。先由设计单位进行设计交底,后转入图纸会审问题解释,设计单位对图纸会审问题清单予以解答。通过建设单位、设计单位、监理单位、施工单位及其他有关单位研究协商,确定图纸存在的各种技术问题的解决方案。

设计交底会议纪要由设计单位整理,与会各方会签。

2.1.2　施工组织设计审查

施工组织设计是指导施工单位进行施工的实施性文件。项目监理机构应审查施工单位报审的施工组织设计,符合要求时,应由总监理工程师签认后报建设单位。项目监理机构应要求施工单位按已批准的施工组织设计组织施工。施工组织设计需要调整时,项目监理机构应按程

施工准备阶段质量控制——泥浆护壁钻孔灌注桩全过程质量控制

序重新审查。

1. 施工组织设计审查的基本内容与程序要求

1）审查的基本内容

（1）编审程序应符合相关规定。

（2）施工进度、施工方案及工程质量保证措施应符合施工合同要求。

（3）资金、劳动力、材料、设备等资源供应计划应满足工程施工需要。

（4）安全技术措施应符合工程建设强制性标准。

（5）施工总平面布置应科学合理。

2）审查的程序要求

（1）施工单位编制的施工组织设计经施工单位技术负责人审核签认后，与施工组织设计报审表（见表2-1）一并报送项目监理机构。

表 2-1　施工组织设计/（专项）施工方案报审表

工程名称：　　　　　　　　　　　　　　　　　　　　　　　　　　　　　　编号：

致：_____（项目监理机构） 我方已完成_____工程施工组织设计/（专项）施工方案的编制和审批，请予以审查。 附件：施工组织设计 专项施工方案 施工方案 施工项目经理部（盖章） <div align="right">项目经理（签字）</div><div align="right">年　月　日</div>
审查意见：   <div align="right">专业监理工程师（签字）</div><div align="right">年　月　日</div>
审核意见：   <div align="right">项目监理机构（盖章）</div><div align="right">总监理工程师（签字、加盖执业印章）</div><div align="right">年　月　日</div>
审批意见（仅对超过一定规模的危险性较大的分部分项工程专项施工方案）：   <div align="right">建设单位（盖章）</div><div align="right">建设单位代表（签字）</div><div align="right">年　月　日</div>

注：本表一式三份，项目监理机构、建设单位、施工单位各一份。

（2）总监理工程师应及时组织专业监理工程师进行审查，需要修改的，由总监理工程师签发书面意见退回修改；符合要求的，由总监理工程师签认。

（3）已签认的施工组织设计由项目监理机构报送建设单位。

（4）施工组织设计在实施过程中，施工单位如需做较大的变更，应经总监理工程师审查同意。

2. 施工组织设计审查质量控制要点

（1）受理施工组织设计。施工组织设计的审查必须是在施工单位编审手续齐全（即有编制人、施工单位技术负责人的签名和施工单位公章）的基础上，由施工单位填写施工组织设计报审表，并按合同约定时间报送项目监理机构。

（2）总监理工程师应在约定的时间内，组织各专业监理工程师进行审查，专业监理工程师在报审核上签署审查意见后，总监理工程师审核批准。需要施工单位修改施工组织设计时，由总监理工程师在报审表上签署意见，发回施工单位修改。施工单位修改后重新报审，总监理工程师应组织审查。

施工组织设计应符合国家的技术政策，充分考虑施工合同约定的条件、施工现场条件及法律法规的要求；施工组织设计应针对工程的特点、难点及施工条件，具有可操作性，质量措施切实能保证工程质量目标，采用的技术方案和措施先进、适用、成熟。

（3）项目监理机构宜将审查施工单位施工组织设计的情况，特别是要求发回修改的情况及时向建设单位通报，应将已审定的施工组织设计及时报送建设单位。涉及增加工程措施费的项目，必须与建设单位协商，并征得建设单位的同意。

（4）经审查批准的施工组织设计，施工单位应认真贯彻实施，不得擅自任意改动。若需进行实质性的调整、补充或变动，应报项目监理机构审查同意。如果施工单位擅自改动，监理机构应及时发出监理通知单，要求按程序报审。

2.1.3　施工方案审查

总监理工程师应组织专业监理工程师审查施工单位报审的施工方案，符合要求后应予以签认。施工方案审查应包括的基本内容：①编审程序应符合相关规定；②工程质量保证措施应符合有关标准。

1. 程序性审查

应重点审查施工方案的编制人、审批人是否符合有关权限规定的要求。根据相关规定，通常情况下，施工方案应由项目技术负责人组织编制，并经施工单位技术负责人审批签字后提交项目监理机构。项目监理机构在审批施工方案时，应检查施工单位的内部审批程序是否完善、签章是否齐全，重点核对审批人是否为施工单位技术负责人。施工方案报审表应按表 2-1 的要求填写。

2. 内容性审查

应重点审查施工方案是否具有针对性、指导性、可操作性；现场施工管理机构是否建立了完善的质量保证体系；是否明确工程质量要求及目标；是否健全了质量保证体系组织机构及岗位职责；是否配备了相应的质量管理人员；是否建立了各项质量管理制度和质量管理程序等；施工

施工准备阶段
质量控制微课
1：静压施工预
应力管桩试桩

质量保证措施是否符合现行的规范、标准等,特别是与工程建设强制性标准的符合性。

例如,审查建筑地基基础工程土方开挖施工方案,要求土方开挖的顺序、方法必须与设计工况相一致,并遵循"开槽支撑,先撑后挖,分层开挖,严禁超挖"的原则。在质量安全方面的要点:①基坑边坡土不应超过设计荷载以防边坡塌方;②挖方时不应碰撞或损伤支护结构、降水设施;③开挖到设计标高后,应对坑底进行保护,验槽合格后,尽快施工垫层;④严禁超挖;⑤开挖过程中,应对支护结构、周围环境进行观察、检测,发现异常及时处理等。

3. 审查的主要依据

建设工程施工合同文件及建设工程监理合同,经批准的建设工程项目文件和设计文件,相关法律、法规、规范、规程、标准图集等,以及其他工程自出资料、工程场地周边环境(含管线)资料等。

2.1.4　施工现场准备质量控制

1. 施工现场质量管理检查

工程开工前,项目监理机构应审查施工单位现场的质量管理组织机构、管理制度及专职管理人员和特种作业人员的资格,主要内容包括:

(1)项目部质量管理体系。

(2)现场质量责任制。

(3)主要专业工种操作岗位证书。

(4)分包单位管理制度。

(5)图纸会审记录。

(6)地质勘察资料。

(7)施工技术标准。

(8)施工组织设计编制及审批。

(9)物资采购管理制度。

(10)施工设施和机械设备管理制度。

(11)计量设备配备。

(12)检测试验管理制度。

(13)工程质量检查验收制度等。

2. 分包单位资质的审核确认

分包工程开工前,项目监理机构应审核施工单位报送的分包单位资格报审表(见表2-2)及有关资料,专业监理工程师进行审核并提出审查意见,符合要求后,应由总监理工程师审批并签署意见。分包单位资格审核应包括的基本内容:①营业执照、企业资质等级证书;②安全生产许可文件;③类似工程业绩;④专职管理人员和特种作业人员的资格。

专业监理工程师应在约定的时间内,对施工单位所报资料的完整性、真实性和有效性进行审查。在审查过程中需与建设单位进行有效沟通,必要时会同建设单位对施工单位选定的分包单位的情况进行实地考察和调查,核实施工单位申报材料与实际情况是否相符。

表 2-2　分包单位资格报审表

工程名称：　　　　　　　　　　　　　　　　　　　　　　　　　编号：

致：_____（项目监理机构）

　　经考察，我方认为拟选择的_____（分包单位）具有承担下列工程的施工或安装资质和能力，可以保证本工程按施工合同第_____条款的约定进行施工或安装。请予以审查。

分包工程名称（部位）	分包工程量	分包工程合同金额
合　　　计		

附件：1. 分包单位资质材料：营业执照、企业资质等级证书、安全生产许可证等证书复印件。
　　　2. 分包单位业绩材料：年类似工程施工业绩。
　　　3. 分包单位专职管理人员和特种作业人员的资格证书：各类人员资格证书复印件。
　　　4. 施工单位对分包单位的管理制度。

　　　　　　　　　　　　　　　　　　　　　　施工项目经理部（盖章）

　　　　　　　　　　　　　　　　　　　　　　项目经理（签字）

　　　　　　　　　　　　　　　　　　　　　　　　　　　年　月　日

审查意见：

　　　　　　　　　　　　　　　　　　　　　　专业监理工程师（签字）

　　　　　　　　　　　　　　　　　　　　　　　　　　　年　月　日

审核意见：

　　　　　　　　　　　　　　　　　　　　　　项目监理机构（盖章）

　　　　　　　　　　　　　　　　　　　　　　总监理工程师（签字）

　　　　　　　　　　　　　　　　　　　　　　　　　　　年　月　日

注：本表一式三份，项目监理机构、建设单位、施工单位各一份。

　　专业监理工程师审查分包单位资质材料时，应查验建筑业企业资质证书、企业法人营业执照以及安全生产许可证。注意拟承担分包工程内容与资质等级、营业执照是否相符。分包单位的类似工程业绩，要求提供工程名称、工程质量验收等证明文件；审查拟分包工程的内容和范围时，应注意施工单位的发包性质，禁止转包、肢解分包、层层分包等违法行为。

　　总监理工程师对报审资料进行审核，在报审表上签署书面意见前需征求建设单位意见。如分包单位的资质材料不符合要求，施工单位应根据总监理工程师的审核意见，或重新报审，或另选择分包单位再报审。

3. 查验施工控制测量成果

　　专业监理工程师应检查、复核施工单位报送的施工控制测量成果及保护措施，签署意见,并应对施工单位在施工过程中报送的施工测量放线成果进行查验。施工控制测量成果及保护措施的检查、复核,包括:①施工单位测量人员的资格证书及测量设备检定证书;②施工平面控制网、高程控制网和临时水准点的测量成果及控制桩的保护措施。

项目监理机构收到施工单位报送的施工控制测量成果报验表(见表 2-3)后,由专业监理工程师审查。专业监理工程师应审查施工单位的测量依据、测量人员资格和测量成果是否符合规范及标准要求,符合要求的,予以签认。

表 2-3　施工控制测量成果报验表

工程名称:　　　　　　　　　　　　　　　　　　　　　　　　　　　编号:

致:＿＿＿＿＿＿＿＿＿＿＿＿＿＿＿＿＿＿＿＿(项目监理机构)
我方已完成＿＿＿＿＿＿＿＿＿＿＿＿＿＿＿＿＿＿＿＿＿＿＿＿＿＿的施工控制测量,经自检合格,请予以查验。 附件:1. 施工控制测量依据资料:规划红线、基准点或基准线、引进水准点标高文件资料;总平面布置图。 　　　2. 施工控制测量成果表:施工测量放线成果表。 　　　3. 测量人员的资格证书及测量设备检定证书。 　　　　　　　　　　　　　　　　　　　　施工项目经理部(盖章) 　　　　　　　　　　　　　　　　　　　　项目技术负责人(签字) 　　　　　　　　　　　　　　　　　　　　　　年　　月　　日
审查意见: 　　　　　　　　　　　　　　　　　　　　项目监理机构(盖章) 　　　　　　　　　　　　　　　　　　　　专业监理工程师(签字) 　　　　　　　　　　　　　　　　　　　　　　年　　月　　日

注:本表一式三份,项目监理机构、建设单位、施工单位各一份。

专业监理工程师应检查、复核施工单位测量人员的资格证书和测量设备检定证书。根据相关规定,从事工程测量的技术人员应取得合法有效的相关资格证书,用于测量的仪器和设备也应具备有效的检定证书。专业监理工程师应按照相应测量标准的要求对施工平面控制网、高程控制网和临时水准点的测量成果及控制桩的保护措施进行检查、复核。例如,场区控制网点位,应选择在通视良好、便于施测、利于长期保存的地点,埋设相应的标石,必要时还应增加强制对中装置。标石埋设深度,应根据冻土深度和场地设计标高确定。施工中,当少数高程控制点标石不能保存时,应将其引测至稳固的建(构)筑物上,引测精度不应低于原高程点的精度等级。

4. 施工试验室的检查

专业监理工程师应检查施工单位为本工程提供服务的试验室(包括施工单位自有试验室或委托的试验室)。试验室的检查应包括下列内容:①试验室的资质等级及试验范围;②法定计量部门对试验设备出具的计量检定证明;③试验室管理制度;④试验人员资格证书。

项目监理机构收到施工单位报送的试验室报审、报验表(见表 2-4)及有关资料后,总监理工程师应组织专业监理工程师对施工试验室进行审查。专业监理工程师在熟悉本工程的试验项目及其要求后对施工试验室进行审查。

表 2-4 ＿＿＿＿＿＿＿＿＿报审、报验表

工程名称: 编号:

致:＿＿＿＿＿＿＿＿＿＿＿＿＿＿＿＿＿＿＿(项目监理机构)
我方已完成＿＿＿＿＿＿＿＿＿＿＿＿＿＿＿＿＿工作,经自检合格,现将有关资料报上,请予以审查或验收。
附件:□隐蔽工程质量检验资料 　　　□检验批质量检验资料 　　　□分项工程质量检验资料 　　　□施工试验室证明资料 　　　□其他   　　　　　　　　　　　　　　　　　施工项目经理部(盖章) 　　　　　　　　　　　　　　　　　项目经理或项目技术负责人(签字) 　　　　　　　　　　　　　　　　　　　　　　　　　年　月　日
审查或验收意见: 　　　　　　　　　　　　　　　　　项目监理机构(盖章) 　　　　　　　　　　　　　　　　　专业监理工程师(签字) 　　　　　　　　　　　　　　　　　　　　　　　　　年　月　日

注:本表一式两份,项目监理机构、施工单位各一份。

根据有关规定,为工程提供服务的实验室应具有政府主管部门颁发的资质证书及相应的试验范围。试验室的资质等级和试验范围必须满足工程需要;试验设备应由法定计量部门出具符合规定要求的计量检定证明;试验室还应具有相关管理制度,以保证试验、检测过程和结果的规范性、准确性、有效性、可靠性及可追溯性,试验室管理制度应包括试验人员工作记录、人员考核及培训制度、资料管理制度、原始记录管理制度、试验检测报告管理制度、样品管理制度、仪器设备管理制度、安全环保管理制度、外委试验管理制度、对比试验以及能力考核管理制度、施工现场(搅拌站)试验管理制度、检查评比制度、工作会议制度以及报表

制度等。从事试验、检测工作的人员应按规定具备相应的上岗资格证书。专业监理工程师应对以上制度逐一进行检查,符合要求后予以签认。

另外,施工单位还有一些用于现场进行计量的设备,包括施工中使用的衡器、量具、计量装置等。施工单位应按有关规定定期对计量设备进行检查、检定,确保计量设备的精确性和可靠性。专业监理工程师应审查施工单位定期提交影响工程质量的计量设备的检查和检定报告。

5. 工程材料、构配件、设备的质量控制

1) 工程材料、构配件、设备质量控制的基本内容

项目监理机构收到施工单位报送的工程材料、构配件、设备报审表(见表 2-5)后,应审查施工单位报送的用于工程材料、构配件、设备的质量证明文件,并应按有关规定、建设工程监理合同约定,对用于工程的材料进行见证取样。用于工程材料、构配件、设备的质量证明文件包括出厂合格证、质量检验报告、性能检测报告以及施工单位的质量抽检报告等。工程设备应同时附有设备出厂合格证、技术说明书、质量检验证明、有关图纸、配件清单及技术资料等。对已进场经检验不合格的工程材料、构配件、设备,应要求施工单位限期将其撤出施工现场。

表 2-5   工程材料、构配件、设备报审表

工程名称: _____   编号: _____

致:_____(项目监理机构)
于 _____ 年 _____ 月 _____ 日进场的拟用于 _____ 部位的 _____,经我方检验合格,现将相关资料报上,请予以审查。
 	
附件: 1. 工程材料、构配件或设备清单。
      2. 质量证明文件。
      3. 自检结果。
 	
施工项目经理部(盖章)
项目经理(签字)
　　　　　　　　　　年　月　日

审查意见: 项目监理机构(盖章) 专业监理工程师(签字) 　　　　　　　　　　年　月　日

注:本表一式两份,项目监理机构、施工单位各一份。

2）工程材料、构配件、设备质量控制的要点

（1）对用于工程的主要材料，在材料进场时专业监理工程师应核查厂家生产许可证、出厂合格证、材质化验单及性能检测报告，审查不合格者一律不准用于工程。专业监理工程师应参与建设单位组织的对施工单位负责采购的原材料、半成品、构配件的考察，并提出考察意见。对于半成品、构配件和设备，应按经过审批认可的设计文件和图纸要求采购订货，质量应满足有关标准和设计的要求。某些材料，诸如瓷砖等装饰材料，要求订货时最好一次性备足货源，以免由于分批而出现色泽不一等质量问题。

（2）现场配制的材料，施工单位应进行级配设计与配合比试验，试验合格后才能使用。

（3）对于进口材料、构配件和设备，专业监理工程师应要求施工单位报送进口商检证明文件，并会同建设单位、施工单位、供货单位等相关单位有关人员按合同约定进行联合检查验收。联合检查由施工单位提出申请，项目监理机构组织，建设单位主持。

（4）对于工程采用新设备、新材料，还应核查相关部门检定证书或工程应用的证明材料、实地考察报告或专题论证材料。

（5）原材料、（半）成品、构配件进场时，专业监理工程师应检查其尺寸、规格、型号、产品标志、包装等外观质量，并判定其是否符合设计、规范、合同等要求。

（6）工程设备验收前，设备安装单位应提交设备验收方案，包括验收方法、质量标准、验收的依据，经专业监理工程师审查同意后实施。

（7）对进场的设备，专业监理工程师应会同设备安装单位、供货单位等的有关人员进行开箱检验，检查其是否符合设计文件、合同文件和规范等所规定的厂家、型号、规格、数量、技术参数等，检查设备图纸、说明书、配件是否齐全。

（8）由建设单位采购的主要设备则由建设单位、施工单位、项目监理机构进行开箱检查，并由这三方在开箱检查记录上签字。

（9）质量合格的材料、构配件进场后，到其使用或安装时通常要经过一定的时间间隔。在此段时间里，专业监理工程师应对施工单位在材料、半成品、构配件的存放、保管及使用期限实行监控。

6. 工程开工条件审查与开工令的签发

总监理工程师应组织专业监理工程师审查施工单位报送的工程开工报审表及相关资料，同时具备下列条件时，应由总监理工程师签署审查意见，并应报建设单位批准后，总监理工程师签发工程开工令。

（1）设计交底和图纸会审已完成。

（2）施工组织设计已由总监理工程师签认。

（3）施工单位现场质量、安全生产管理体系已建立，管理及施工人员已到位，施工机械具备使用条件，主要工程材料已落实。

（4）进场道路及水、电、通信等已满足开工要求。

总监理工程师应在开工日期7d前向施工单位发出工程开工令（见表2-6）。工期自总监理工程师发出的工程开工令中载明的开工日期起计算。总监理工程师应组织专业监理工程师审查施工单位报送的开工报审表及相关资料，并对开工应具备的条件进行逐项审查，全部符合要求时签署审查意见，报建设单位得到批准后，再由总监理工程师签发工程开工令。施工单位应在开工日期后尽快施工。

表 2-6　工程开工令

工程名称：　　　　　　　　　　　　　　　　　　　　　　　　编号：

致：＿＿＿＿＿＿＿＿＿＿＿＿＿＿＿＿＿（施工单位）

　　经审查，本工程已具备施工合同约定的开工条件，现同意你方开始施工，开工日期为＿＿＿＿年＿＿＿月＿＿＿日。

附件：工程开工报审表。

项目监理机构(盖章)

总监理工程师(签字、加盖执业印章)

年　月　日

注：本表一式三份，项目监理机构、建设单位、施工单位各一份。

2.2　建设工程施工过程的质量控制

2.2.1　巡视与旁站

1. 巡视

1）巡视的内容

巡视是项目监理机构对施工现场进行的定期或不定期的检查活动，是项目监理机构对工程实施建设监理的方式之一。

项目监理机构应安排监理人员对工程施工质量进行巡视。巡视应包括下列主要内容。

（1）施工单位是否按工程设计文件、工程建设标准和批准的施工组织设计、（专项）施工方案施工。施工单位必须按照工程设计图纸和施工技术标准施工，不得擅自修改工程设计，不得偷工减料。

（2）施工单位使用的工程原材料、构配件和设备是否合格。不得在工程中使用不合格的原材料、构配件和设备，只有经过复试检测合格原材料、构配件和设备才能够用于工程。

（3）施工现场管理人员，特别是施工质量管理人员是否到位。应对其是否到位及履职情况做好检查和记录。

（4）特种作业人员是否持证上岗。应对施工单位特种作业人员是否持证上岗进行检查。根据《建筑施工特种作业人员管理规定》，对于建筑电工、建筑架子工、建筑起重信号索工、建筑起重机械司机、建筑起重机械安装拆卸工、高处作业吊篮安装拆卸工、焊接切割操作工以及经省级以上人民政府建设主管部门认定的其他特种作业人员，必须持施工特种作业人员操作证上岗。

2）巡视检查要点

（1）检查原材料。施工现场原材料、构配件的采购和堆放是否符合施工组织设计（方案）要求；其规格、型号等是否符合设计要求；是否已见证取样，并检测合格；是否已按程序报验并允许使用；有无使用不合格材料；有无使用质量合格证明资料欠缺的材料。

（2）检查施工人员。

① 施工现场管理人员，尤其是质检员、安全员等关键岗位人员是否到位，能否确保各项管理制度和质量保证体系落实。

② 特种作业人员是否持证上岗，人证是否相符，是否进行了技术交底并有记录。

③ 现场施工人员是否按照规定佩戴安全防护用品。

（3）检查基坑土方开挖工程。

① 土方开挖前的准备工作是否到位，开挖条件是否具备。

② 土方开挖顺序、方法是否与设计要求一致。

③ 挖土是否分层、分区进行，分层高度和开挖面放坡的坡度是否符合要求，垫层混凝土的浇筑是否及时。

④ 基坑坑边和支撑上的堆载是否在允许的范围内，是否存在安全隐患。

⑤ 挖土机械有无碰撞或损伤基坑围护和支撑结构、工程桩、降压（疏干）井等现象。

⑥ 是否限时开挖，尽快形成围护支撑，尽量缩短围护结构无支撑暴露时间。

⑦ 每道支撑底面黏附的土块、垫层、竹笆等是否及时清理；每道支撑上的安全通道和临边防护的搭设是否及时、符合要求。

⑧ 挖土机械工作是否有专人指挥，有无违章、冒险作业现象。

（4）检查砌体工程。

① 基层清理是否干净，是否按要求用细石混凝土/水泥砂浆进行了找平。

② 是否有"碎砖"集中使用和外观质量不合格的块材使用现象。

③ 是否按要求使用皮数杆，墙体拉结筋形式、规格、尺寸、位置是否正确，砂浆饱满度是否合格，灰缝厚度是否超标，有无透明缝、"瞎缝"和"假缝"。

④ 墙上的架眼及工程需要的预留、预埋等有无遗漏。

（5）检查钢筋工程。

① 钢筋有无锈蚀、被隔离剂和淤泥等污染现象。

② 垫块规格、尺寸是否符合要求，强度能否满足施工需要，有无用木块、大理石板等代替水泥砂浆（或混凝土）垫块的现象。

③ 钢筋搭接长度、位置、连接方式是否符合设计要求，搭接区段箍筋是否按要求加密；梁柱或梁梁交叉部位的"核心区"有无主筋被截断、箍筋漏放等现象。

（6）检查模板工程。

① 模板安装和拆除是否符合施工组织设计（方案）的要求，支模前隐蔽内容是否已经验

收合格。

② 模板表面是否清理干净、有无变形损坏，是否已涂刷隔离剂；模板拼缝是否严密，安装是否牢固。

③ 拆模是否事先按程序和要求向项目监理机构报审并签认，拆模有无违章、危险行为；模板捆扎、吊运、堆放是否符合要求。

（7）检查混凝土工程。

① 现浇混凝土结构构件的保护是否符合要求。

② 构件拆模后构件的尺寸偏差是否在允许的范围内，有无质量缺陷，缺陷修补处理是否符合要求。

③ 现浇构件的养护措施是否有效、可行、及时等。

④ 采用商品混凝土时，是否留置标准养护试块和同条件试块，是否抽查砂与石子的含泥量和粒径等。

（8）检查钢结构工程。主要检查内容：钢结构零部件加工条件是否合格（如场地、温度、机械性能等），安装条件是否具备（如基础是否已经验收合格等）；施工工艺是否合理、符合相关规定；钢结构原材料及零部件的加工、焊接、组装、安装及涂饰质量是否符合设计文件和相关标准、要求等。

（9）检查屋面工程。

① 基层是否平整坚固、清理干净。

② 防水卷材搭接部位、宽度、施工顺序、施工工艺是否符合要求，卷材收头、节点、细部处理是否合格。

③ 屋面块材搭接、铺贴质量如何、有无损坏现象等。

（10）检查装饰装修工程。

① 基层处理是否合格，是否按要求使用垂直、水平控制线，施工工艺是否符合要求。

② 需要进行隐蔽的部位和内容是否已经按程序报验并通过验收。

③ 细部制作、安装、涂饰等是否符合设计要求和相关规定。

④ 各专业之间工序穿插是否合理，有无相互污染、相互破坏现象等。

（11）检查安装工程等。重点检查是否按规范、规程、设计图纸、图集和批准的施工组织设计（方案）施工；是否有专人负责；施工是否正常等。

（12）检查施工环境。

① 施工环境和外界条件是否对工程质量、安全等造成不利影响，施工单位是否已采取相应措施。

② 各种基准控制点、周边环境和基坑自身监测点的设置、保护是否正常，有无被压（损）现象。

③ 季节性天气中，工地是否采取了相应的季节性施工措施，比如暑期、冬季和雨季施工措施等。

2. 旁站

旁站是指项目监理机构对工程的关键部位或关键工序的施工质量进行的监督活动。

项目监理机构应根据工程特点和施工单位报送的施工组织设计，将影响工程主体结构安全的、完工后无法检测其质量的或返工会造成较大损失的部位及其施工过程作为旁站的关键部位、关键工序。安排监理人员进行旁站,并应及时记录旁站情况。旁站记录应按《建设工程监理规范》(GB/T 50319—2013)的要求填写,见表2-7。

表 2-7 旁站记录

工程名称:　　　　　　　　　　　　　　　　　　　　编号:

旁站的关键部位、关键工序					
施工单位					
旁站开始时间		年　　月　　日　　时　　分			
旁站结束时间		年　　月　　日　　时　　分			
旁站的关键部位、关键工序施工情况:					
发现的问题及处理情况: 旁站监理人员(签字) 年　月　日					

注:本表一式一份,项目监理机构留存。

1)旁站工作程序

(1)开工前,项目监理机构应根据工程特点和施工单位报送的施工组织设计,确定旁站的关键部位、关键工序,并书面通知施工单位。

(2)施工单位在需要实施旁站的关键部位、关键工序进行施工前,书面通知项目监理机构。

（3）接到施工单位书面通知后，项目监理机构应安排旁站人员实施旁站。

2）旁站工作要点

（1）编制监理规划时，应明确旁站的部位和要求。

（2）根据部门规范性文件，房屋建筑工程旁站的关键部位、关键工序如下：基础工程方面包括土方回填，混凝土灌注桩浇筑，地下连续墙、土钉墙、后浇带及其他结构混凝土、防水混凝土浇筑，卷材防水层细部构造处理，钢结构安装；主体结构工程方面包括梁柱节点钢筋隐蔽工程，混凝土浇筑，预应力张拉，装配式结构安装，钢结构安装，网架结构安装，索膜安装。

（3）其他工程的关键部位、关键工序，应根据工程类别、特点及有关规定和施工单位报送的施工组织设计确定。

3）旁站人员的主要职责

（1）检查施工单位现场质检人员到岗、特殊工种人员持证上岗及施工机械、建筑材料准备情况。

（2）在现场监督关键部位、关键工序的施工执行施工方案以及工程建设强制性标准。

（3）核查进场建筑材料、构配件、设备和商品混凝土的质量检验报告等，并可在现场监督施工单位进行检验或者委托具有资格的第三方进行复验。

（4）做好旁站记录，保存旁站原始资料。

（5）对施工中出现的偏差及时纠正，保证施工质量。发现施工单位违反工程建设强制性标准行为，应责令施工单位立即整改；发现其施工活动已经或者可能危及工程质量，应当及时向专业监理工程师或总监理工程师报告，由总监理工程师下达暂停令，指令施工单位整改。

（6）对需要旁站的关键部位、关键工序的施工，凡没有实施旁站监理或者没有旁站记录的，专业监理工程师或总监理工程师不得在相应文件上签字。工程竣工验收后，项目监理机构应将旁站记录存档备查。

（7）旁站记录内容应真实、准确并与监理日志相吻合。对旁站的关键部位、关键工序，应按照时间或工序形成完整的记录。必要时可进行拍照或摄影，记录当时的施工过程。

2.2.2　见证取样与平行检验

1. 见证取样

见证取样是指项目监理机构对施工单位进行的涉及结构安全的试块、试件及工程材料现场取样、封样、送检工作的监督活动。

建筑施工材料检验试验规定解读与应用

1）见证取样的工作程序

（1）工程项目施工前，由施工单位和项目监理机构共同对见证取样的检测机构进行考察确定；对于施工单位提出的试验室，专业监理工程师要进行实地考察。试验室一般是和施工单位没有行政隶属关系的第三方。试验室要具有相应的资质，经国家或地方计量、试验主管部门认证，试验项目满足工程需要。试验室出具的报告对外具有法定效果。

（2）项目监理机构要将选定的试验室报送负责本项目的质量监督机构备案并得到认可，同时要将项目监理机构中负责见证取样的专业监理工程师在该质量监督机构备案。

（3）施工单位应按照规定制订检测试验计划，配备取样人员，负责施工现场的取样工作,并将检测试验计划报送项目监理机构。

（4）施工单位在对进场材料、试块、试件、钢筋接头等实施见证取样前,要通知负责见证取样的专业监理工程师,在该专业监理工程师现场监督下,施工单位按相关规范的要求,完成材料、试块、试件等的取样过程。

（5）完成取样后,施工单位取样人员应在试样或其包装上作出标识、封志。标识和封志应标明工程名称、取样部位、取样日期、样品名称和样品数量等信息,并由见证取样的专业监理工程师和施工单位取样人员签字。如钢筋样品、钢筋接头,则贴上专用加封标志,然后送往试验室。

2）实施见证取样的要求

（1）试验室要具有相应的资质并进行备案、认可。

（2）负责见证取样的专业监理工程师要具有材料、试验等方面的专业知识,并经培训考核合格,且要取得见证人员培训合格证书。

（3）施工单位从事取样的人员一般应由试验室人员或专职质检人员担任。

（4）试验室出具的报告一式两份,分别由施工单位和项目监理机构保存,并作为归档材料,是工序产品质量评定的重要依据。

（5）见证取样的频率,国家或地方主管部门有规定的,执行相关规定;施工承包合同中如有明确规定的,执行施工承包合同的规定。

（6）见证取样和送检的资料必须真实、完整,符合相应规定。

2. 平行检验

平行检验是指项目监理机构在施工单位自检的同时,按有关规定、建设工程监理合同约定对同一检验项目进行的检测试验活动。项目监理机构应根据工程特点、专业要求,以及建设工程监理合同约定,对施工质量进行平行检验。

平行检验的项目、数量、频率和费用等应符合建设工程监理合同的约定。对平行检验不合格的施工质量,项目监理机构应签发监理通知单,要求施工单位在指定的时间内整改并重新报验。

例如,高速公路工程中,工程监理单位应按工程建设监理合同约定组建项目监理中心试验室进行平行检验工作。公路工程检验试验可分为验证试验、标准试验、工艺试验、抽样试验和验收试验。验证试验是对材料或商品构件进行预先鉴定,以决定是否可以用于工程。标准试验是对各项工程的内在品质进行施工前的数据采集,它是控制和指导施工的科学依据,包括各种标准击实试验、集料的级配试验、混合料的配合比试验、结构的强度试验等。工艺试验是依据技术规范的规定,在动工之前对路基、路面及其他需要通过预先试验方能正式施工的分项工程预先进行工艺试验,然后依其试验结果全面指导施工。抽样试验是对各项工程实施中的实际内在品质进行符合性的检查,内容应包括各种材料的物理性能、土方及其他填筑施工的密实度、混凝土及沥青混凝土的强度等的测定和试验。验收试验是对各项已完工程的实际内在品质作出评定。项目监理中心试验室进行平行检验试验有以下几种。

（1）验证试验。材料或商品构件运入现场后,应按规定的批量和频率进行抽样试验,不合格的材料或商品构件不准用于工程。

（2）标准试验。在各项工程开工前合同规定或合理的时间内,应由施工单位先完成标准试验。项目监理中心试验室应在施工单位进行标准试验的同时或以后,平行进行复核（对比)试验,以肯定、否定或调整施工单位标准试验的参数或指标。

(3) 抽样试验。在施工单位的工地试验室(流动试验室)按技术规范的规定进行全频率抽样试验的基础上,项目监理中心试验室应按规定的频率独立进行抽样试验,以鉴定施工单位的抽样试验结果是否真实可靠。当施工现场的监理人员对施工质量或材料产生疑问并提出要求时,项目监理中心试验室随时进行抽样试验。

2.2.3 监理通知单、工程暂停令、工程复工令的签发

1. 监理通知单的签发

在工程质量控制方面,项目监理机构发现施工存在质量问题的,或施工单位采用不适当的施工工艺或施工不当,造成工程质量不合格的,应及时签发监理通知单并要求施工单位整改。监理通知单由专业监理工程师或总监理工程师签发。

监理通知单对存在问题部位的表述应具体(见表 2-8)。如问题出现在主楼二层楼板某梁的具体部位时应注明"主楼二层楼板⑥轴、(A)—(B)列 L2 梁";应用数据说话,详细叙述问题存在的违规内容。一般应包括监理实测值、设计值、允许偏差值、违反规范种类及条款等,如"梁钢筋保护层厚度局部实测值为 16mm,设计值为 25mm,已超出允许偏差＋5mm,违反《混凝土结构工程施工质量验收规范》(GB 50204—2015)规定";反映的问题如果能用照片予以记录,应附上照片。要求施工单位整改时限应叙述具体,如"在 72h 内";并注明施工单位申诉的形式和时限,如"对本监理通知单内容有异议,请在 24h 内向监理提出书面报告"。

表 2-8　监理通知单

工程名称：　　　　　　　　　　　　　　　　　　　　　　　　　　编号：

致：＿＿＿＿＿＿＿＿＿＿＿＿＿＿＿＿＿＿＿＿＿＿＿＿(施工项目经理部) 事由：＿＿＿＿＿＿＿＿＿＿＿＿＿＿＿＿＿＿＿＿ 内容：   　　　　　　　　　　　　　　　　　　　　　　项目监理机构(盖章) 　　　　　　　　　　　　　　　　　　　　　　总/专业监理工程师(签字) 　　　　　　　　　　　　　　　　　　　　　　　　　年　月　日

注：本表一式三份,项目监理机构、建设单位、施工单位各一份。

项目监理机构签发监理通知单时,应要求施工单位在发文本上签字,并注明签收时间。

施工单位应按监理通知单的要求进行整改。整改完毕后,向项目监理机构提交监理通知回复单。项目监理机构应根据施工单位报送的监理通知回复单对整改情况进行复查,并提出复查意见。

2. 工程暂停令的签发

监理人员发现可能造成质量事故的重大隐患或已发生质量事故的,总监理工程师应签发工程暂停令(见表2-9)。

表 2-9　工程暂停令

工程名称：　　　　　　　　　　　　　　　　　　　　　　编号：

致：_____(施工项目经理部)

由于_____原因,现通知你方于____年____月____日____时

起,暂停_____部位(工序)施工,并按下述要求做好后续工作。

要求：

项目监理机构(盖章)

总监理工程师(签字、加盖执业印章)

年　月　日

注:本表一式三份,项目监理机构、建设单位、施工单位各一份。

项目监理机构发现下列情形之一时,总监理工程师应及时签发工程暂停令。

(1) 建设单位要求暂停施工且工程需要暂停施工的。

(2) 施工单位未经批准擅自施工或拒绝项目监理机构管理的。

(3) 施工单位未按审查通过的工程设计文件施工的。

(4) 施工单位违反工程建设强制性标准的。

(5) 施工存在重大质量、安全事故隐患或发生质量、安全事故的。

对于建设单位要求停工的,总监理工程师经过独立判断,认为有必要暂停施工的,可签发工程暂停令;认为没有必要暂停施工的,不应签发工程暂停令。施工单位拒绝执行项目监理机构的要求和指令时,总监理工程师应视情况签发工程暂停令。对于施工单位未经批

准擅自施工或分别出现上述(3)、(4)、(5)3 种情况时,总监理工程师应签发工程暂停令。总监理工程师在签发工程暂停令时,可根据停工原因的影响范围和影响程度,确定停工范围。

总监理工程师签发工程暂停令,应事先征得建设单位同意。在紧急情况下,未能事先征得建设单位同意的,应在事后及时向建设单位书面报告。施工单位未按要求停工的,项目监理机构应及时报告建设单位,必要时应向有关主管部门报送监理报告。

暂停施工事件发生时,项目监理机构应如实记录所发生的情况。对于建设单位要求停工且工程需要暂停施工的,应重点记录施工单位人工、设备在现场的数量和状态;对于因施工单位原因暂停施工的,应记录直接导致停工发生的原因。

3. 工程复工令的签发

因建设单位原因或非施工单位原因引起工程暂停的,在具备复工条件时,应及时签发工程复工令,指令施工单位复工(见表 2-10)。

表 2-10　工程复工令

工程名称: _____　　　　　　　　编号: _____

致: _____(施工项目经理部) 我方发出的编号为 _____《工程暂停令》,要求暂停施工的 _____ 部位(工序),经查已具备复工条件。经建设单位同意,现通知你方于 _____ 年 _____ 月 _____ 日 _____ 时起恢复施工。 附件:工程复工报审表。   　　　　　　　　　　　　　　　　　　项目监理机构(盖章) 　　　　　　　　　　　　　　　　　　总监理工程师(签字、加盖执业印章) 　　　　　　　　　　　　　　　　　　　　　　　　　　年　月　日

注:本表一式三份,项目监理机构、建设单位、施工单位各一份。

1) 审核工程复工报审表

因施工单位原因引起工程暂停的,施工单位在复工前应向项目监理机构提交工程复工报审表申请复工。工程复工报审时,应附有能够证明已具备复工条件的相关文件资料,包括相关检查记录、有针对性的整改措施及其落实情况、会议纪要、影像资料等。当导致暂停的原因危及结构安全或使用功能时,整改完成后,应有建设单位、设计单位、监理单位各方共同认可的整改完成文件,其中涉及建设工程鉴定的文件必须由有资质的检测单位出具。

对需要返工处理或加固补强的质量缺陷,项目监理机构应要求施工单位报送经设计等相关单位认可的处理方案,并应对质量缺陷的处理过程进行跟踪检查,同时应对处理结果进行验收。

对需要返工处理或加固补强的质量事故,项目监理机构应要求施工单位报送质量事故调查报告和经设计等相关单位认可的处理方案,并对质量事故的处理过程进行跟踪检查,对处理结果进行验收。项目监理机构应及时向建设单位提交质量事故书面报告,并应将完整的质量事故处理记录整理归档。

2)签发工程复工令

项目监理机构收到施工单位报送的工程复工报审表及有关材料后,应对施工单位的整改过程、结果进行检查、验收,符合要求的,总监理工程师应及时签署审批意见,并报建设单位批准后签发工程复工令,施工单位接到工程复工令后组织复工。施工单位未提出工程复工申请的,总监理工程师应根据工程实际情况指令施工单位恢复施工。

2.2.4　工程变更的控制

工程施工过程中,由于前期勘察设计的原因,或由于外界自然条件的变化,未探明的地下障碍物、管线、文物、地质条件不符等,以及施工工艺方面的限制、建设单位要求的改变,均会涉及工程变更。做好工程变更的控制工作,是工程质量控制的一项重要内容。

工程变更单由提出单位填写,写明工程变更原因、工程变更内容,并附必要的附件,包括工程变更的依据、详细内容、图纸;对工程造价、工期的影响程度分析,及对功能、安全影响的分析报告(见表2-11)。

对于施工单位提出的工程变更,项目监理机构可按下列程序进行处理。

(1)总监理工程师组织专业监理工程师审查施工单位提出的工程变更申请,然后提出审查意见。对涉及工程设计文件修改的工程变更,应由建设单位转交原设计单位修改工程设计文件。必要时,项目监理机构应建议建设单位组织设计、施工等单位召开论证工程设计文件修改方案的专题会议。

(2)总监理工程师组织专业监理工程师对工程变更费用及工期影响作出评估。

(3)总监理工程师组织建设单位、施工单位等共同协商确定工程变更费用及工期变化,会签工程变更单。

(4)项目监理机构根据批准的工程变更文件监督施工单位实施工程变更。

施工单位提出工程变更的情形一般有以下几种:①图纸出现错、漏、碰、缺等缺陷而无法施工;②图纸不便施工,变更后更经济、方便;③采用新材料、新产品、新工艺、新技术的需要;④施工单位考虑自身利益,为费用索赔而提出工程变更。

施工单位提出的工程变更,当为要求进行某些材料、工艺、技术方面的技术修改时,即根据施工现场具体条件和自身的技术、经验和施工设备等,在不改变原设计文件原则的前提下,提出的对设计图纸和技术文件的某些技术上的修改要求,例如,对某种规格的钢筋采用替代规格的钢筋、对基坑开挖边坡的修改等。应在工程变更单及其附件中说明要求修改的内容及原因或理由,并附上有关文件和相应图纸。经各方同意签字后,由总监理工程师组织实施。

表 2-11　工程变更单

工程名称：　　　　　　　　　　　　　　　　　　　　编号：

致：_____ 由于_____原因，兹提出_____ _____工程变更，请予以审批。 附件：□变更内容 　　　□变更设计图 　　　□相关会议纪要 　　　□其他 　　　　　　　　　　　　　　　　　　　　　　变更提出单位： 　　　　　　　　　　　　　　　　　　　　　　负责人： 　　　　　　　　　　　　　　　　　　　　　　　　　年　月　日	

工程量增/减	
费用增/减	
工期变化	

施工项目经理部（盖章） 项目经理（签字） 年　月　日	设计单位（盖章） 设计负责人（签字） 年　月　日
项目监理机构（盖章） 总监理工程师（签字） 年　月　日	建设单位（盖章） 负责人（签字） 年　月　日

注：本表一式四份，建设单位、项目监理机构、设计单位、施工单位各一份。

当施工单位提出的工程变更要求对设计图纸和设计文件所表达的设计标准、状态有改变或修改时，项目监理机构经与建设单位、设计单位、施工单位研究并作出变更决定后，由建设单位转交原设计单位修改工程设计文件，再由总监理工程师签发工程变更单，并附设计单位提交的修改后的工程设计图纸交施工单位按变更后的图纸施工。

建设单位提出的工程变更，可能是由于局部调整使用功能，也可能是方案阶段考虑不周，项目监理机构应对工程变更可能造成的设计修改、工程暂停、返工损失、增加工程造价等进行全面评估,为建设单位正确决策提供依据,避免工程反复和不必要的浪费。对于设计单位要求的工程变更,应由建设单位将工程变更设计文件下发项目监理机构,由总监理工程师组织实施。

如果变更涉及项目功能、结构主体安全,该工程变更还要按有关规定报送施工图原审查机构及管理部门进行审查与批准。

2.2.5 质量记录资料的管理

质量记录资料是施工单位进行工程施工或安装期间,实施质量控制活动的记录,还包括对这些质量控制活动的意见及施工单位对这些意见的答复,它详细地记录了工程施工阶段质量控制活动的全过程。因此,它不但在工程施工期间对工程质量的控制有重要作用,而且在工程竣工和投入运行后,对于查询和了解工程建设的质量情况以及工程维修和管理提供大量有用的资料和信息。质量记录资料包括以下3方面内容。

1. 施工现场质量管理检查记录资料

施工现场质量管理检查记录资料主要包括施工单位现场质量管理制度(质量责任制);主要专业工种操作上岗证书;分包单位资质及总承包施工单位对分包单位的管理制度;施工图审查核对资料(记录),地质勘察资料;施工组织设计、施工方案及审批记录;施工技术标准;工程质量检验制度;混凝土搅拌站(级配填料拌和站)及计量设置;现场材料、设备存放与管理等。

2. 工程材料质量记录资料

工程材料质量记录资料主要包括进场工程材料件成品、构配件、设备的质量证明资料;各种试验检验报告(如力学性能试验、化学成分试验、材料级配试验等);各种合格证;设备进场维修记录或设备进场运行检验记录。

3. 施工过程作业活动质量记录资料

施工或安装过程可按分项、分部、单位工程建立相应的质量记录资料。在相应质量记录资料中应包含有关图纸的图号、设计要求;质量自检资料;项目监理机构的验收资料;各工序作业的原始施工记录;检测及试验报告;材料、设备质量资料的编号、存放档案卷号。此外,质量记录资料还应包括不合格项的报告、通知以及处理及检查验收资料等。

质量记录资料应在工程施工或安装开始前,由项目监理机构和施工单位一起,根据建设单位的要求及工程竣工验收资料组卷归档的有关规定,研究列出各施工对象的质量资料清单。以后,随着工程施工的进展,施工单位应不断补充和填写关于材料、构配件及施工作业活动的有关内容,记录新的情况。当每一阶段(如检验批,一个分项或分部工程)施工或安装工作完成后,相应的质量记录资料也应随之完成,并整理组卷。

施工质量记录资料应真实、齐全、完整,相关各方人员的签字齐备、字迹清楚、结论明确,与施工过程的进展同步。在对作业活动效果的验收中,如缺少资料和资料不全,项目监理机构应拒绝验收。

监理资料的管理应由总监理工程师负责,并指定专人具体实施。总监理工程师作为项目监理机构的负责人应根据合同要求,结合监理项目的大小、工程复杂程度配置一名至多名专职熟练的资料管理人员具体实施资料的管理工作。对于建设规模较小、资料不多的监理项目,可以结合工程实际,指定一名受过资料管理业务培训、懂得资料管理的监理人员兼职完成资料管理工作。

除了配置资料管理员外,还需要包括项目总监理工程师、各专业监理工程师、监理员在内的各级监理人员自觉履行各自监理职责,保证监理文件资料管理工作的顺利完成。

2.3 建设工程施工产品的质量控制

工程施工质量验收是指工程施工质量在施工单位自检合格的基础上,由工程质量验收责任方组织,工程建设相关单位参加,对检验批、分项、分部、单位工程及隐蔽工程的质量进行抽样检验,对技术文件进行审核,并根据设计文件和相关标准以书面形式对工程质量是否达到合格作出确认。

2.3.1 工程施工质量验收层次划分

1. 工程施工质量验收层次划分及目的

1)工程施工质量验收层次划分

随着我国经济发展和施工技术的进步,工程建设规模不断扩大,技术复杂程度越来越高,出现了大量工程规模较大的单体工程和具有综合使用功能的综合性建筑物。由于大型单体工程可能在功能或结构上由若干个单体组成,且整个建设周期较长,可能出现已建成可使用的部分单体需先投入使用,或先将工程中一部分提前建成使用等情况,需要进行分段验收。再加之对规模特别大的工程进行一次验收也不方便等。因此标准规定,可将此类工程划分为若干个子单位工程进行验收。同时为了更加科学地评价工程施工质量和有利于对其进行验收,根据工程特点,按结构分解的原则将单位或子单位工程又划分为若干个分部工程。在分部工程中,按相近工作内容和系统又划分为若干个子分部工程。每个分部工程或子分部工程又可划分为若干个分项工程。每个分项工程中又可划分为若干个检验批。检验批是工程施工质量验收的最小单位。

建筑工程施工质量验收统一标准》(GB 50300—2013)

《建筑工程施工质量验收统一标准》(GB 50300—2013)初步解读

2)工程施工质量验收层次划分目的

工程施工质量验收涉及工程施工过程质量验收和竣工质量验收,是工程施工质量控制的重要环节。根据工程特点,按项目层次分解的原则合理划分工程施工质量验收层次,将有利于对工程施工质量进行过程控制和阶段质量验收,特别是不同专业工程的验收批的确定,将直接影响到工程施工质量验收工作的科学性、经济性、实用性和可操作性。因此,对施工质量验收层次进行合理划分非常必要,这有利于工程施工质量的过程控制和最终把关,确保工程质量符合有关标准。

2. 单位工程的划分

单位工程是指具备独立的设计文件、独立的施工条件并能形成独立使用功能的建筑物或构筑物。对于建筑工程,单位工程的划分应按下列原则确定。

（1）具备独立施工条件并能形成独立使用功能的建筑物或构筑物为一个单位工程。如一所学校中的一栋教学楼、办公楼、传达室，某城市的广播电视塔等。

（2）对于规模较大的单位工程，可将其能形成独立使用功能的部分划分为一个子单位工程。

单位或子单位工程划分，施工前可由建设单位、监理单位、施工单位商议确定，并据此收集整理施工技术资料和验收。

（3）室外工程可根据专业类别和工程规模划分单位工程或子单位工程、分部工程。室外工程的单位工程、分部工程划分按表 2-12 划分。

表 2-12　室外工程的单位工程、子单位工种分部工程划分

单 位 工 程	子 单 位 工 程	分 部 工 程
室外设施	道路	路基、基层、面层、广场与停车场、人行道、人行地道、挡土墙、附属构筑物
	边坡	土石方、挡土墙、支护
附属建筑及室外环境	附属建筑	车棚、围墙、大门、挡土墙
	室外环境	建筑小品、亭台、水景、连廊、花坛、场坪绿化、景观桥

3. 分部工程的划分

分部工程是单位工程的组成部分。一个单位工程往往由多个分部工程组成。分部工程可按专业性质、工程部位确定。对于建筑工程，分部工程应按下列原则划分。

（1）可按专业性质、工程部位确定。如建筑工程划分为地基与基础、主体结构、建筑装饰装修、屋面、给排水与供暖、通风与空调、建筑电气、智能建筑、建筑节能、电梯 10 个分部工程。

（2）当分部工程较大或较复杂时，可按材料种类、施工特点、施工程序、专业系统及类别将分部工程划分为若干子分部工程。

如主体结构分部工程划分为混凝土结构、砌体结构、钢结构、钢管混凝土结构、型钢混凝土结构、铝合金结构和木结构等子分部工程。

4. 分项工程的划分

分项工程是分部工程的组成部分。可按主要工种、材料、施工工艺、设备类别进行划分。如建筑工程主体结构分部工程中，混凝土结构子分部工程按主要工种分为模板、钢筋、混凝土等分项工程；按施工工艺又分为预应力、现浇结构、装配式结构等分项工程。

建筑工程分部或子分部工程、分项工程的具体划分详见《建筑工程施工质量验收统一标准》（GB/T 50300—2013）及相关专业验收规范的规定。

5. 检验批的划分

检验批在《建筑工程施工质量验收统一标准》（GB/T 50300—2013）中是指按相同的生产条件或按规定的方式汇总起来供抽样检验用的，由一定数量样本组成的检验体。它是建筑工程质量验收划分中的最小验收单位。

检验批可根据施工、质量控制和专业验收的需要，按工程量、楼层、施工段、变形缝进行划分。

施工前，应由施工单位制定分项工程和检验批的划分方案，并由项目监理机构审核。对于《建筑工程施工质量验收统一标准》（GB/T 50300—2013）及相关专业验收规范未涵盖的

分项工程和检验批,可由建设单位组织监理、施工等单位协商确定。

通常,多层及高层建筑的分项工程可按楼层或施工段划分检验批;单层建筑的分项工程可按变形缝等划分检验批;地基与基础的分项工程一般划分为一个检验批,有地下层的基础工程可按不同地下层划分检验批;屋面工程的分项工程可按不同楼层屋面划分为不同的检验批;其他分部工程中的分项工程,一般按楼层划分检验批;对于工程量较少的分项工程可划分为一个检验批;安装工程一般按一个设计系统或设备组别划分为一个检验批;室外工程一般划分为一个检验批;散水、台阶、明沟等包含在地面检验批中。

2.3.2　工程施工质量验收程序和标准

1. 工程施工质量验收基本规定

施工现场应具有健全的质量管理体系、相应的施工技术标准、施工质量检验制度和综合施工质量水平评定考核制度。

施工现场质量管理可按表 2-13 进行检查记录。

施工验收质量控制微课 2:常用建筑工程质量检测工具

表 2-13　施工现场质量管理检查记录

开工日期:

工程名称			施工许可证号	
建设单位			项目负责人	
设计单位			项目负责人	
监理单位			总监理工程师	
施工单位		项目负责人		项目技术负责人
序号	项　目		主　要　内　容	
1	项目部质量管理体系			
2	现场质量责任制			
3	主要专业工种操作岗位证书			
4	分包单位管理制度			
5	图纸会审记录			
6	地质勘察资料			
7	施工技术标准			
8	施工组织设计编制及审批			
9	物资采购管理制度			
10	施工设施和机械设备管理制度			
11	计量设备配备			
12	检测试验管理制度			
13	工程质量检查验收制度			
14				
自检结果:			检查结论:	
施工单位项目负责人:　　年 月 日			总监理工程师:　　年 月 日	

未实行监理的建筑工程,建设单位相关人员应履行有关验收规范涉及的监理职责。

建筑工程的施工质量控制应符合下列规定。

(1) 建筑工程采用的主要材料、半成品、成品、建筑构配件、器具和设备应进行进场检验。凡涉及安全、节能、环境保护和主要使用功能的重要材料、产品,应按各专业工程施工规范、验收规范和设计文件等规定进行复验,并应经专业监理工程师检查认可。

(2) 各施工工序应按施工技术标准进行质量控制,每道施工工序完成后,经施工单位自检符合规定后,才能进行下一道工序施工。各专业工种之间的相关工序应进行交接检验,并应记录。

(3) 对于项目监理机构提出检查要求的重要工序,应经专业监理工程师检查认可,才能进行下一道工序施工。

(4) 符合下列条件之一时,可按相关专业验收规范的规定适当调整抽样复验、试验数量,调整后的抽样复验、试验方案应由施工单位编制,并报项目监理机构审核确认。

① 同一项目中由相同施工单位施工的多个单位工程,使用同一生产厂家的同品种、同规格、同批次的材料、构配件、设备。

② 同一施工单位在现场加工的成品、半成品、构配件用于同一项目中的多个单位工程。

③ 在同一项目中,针对同一抽样对象已有检验成果可以重复利用。

调整抽样复验、试验数量或重复利用已有检验成果应有具体的实施方案,实施方案应符合各专业验收规范的规定,并事先报项目监理机构认可。如施工单位或项目监理机构认为必要时,也可不调整抽样复验、试验数量或不重复利用已有检验成果。

(5) 当专业验收规范对工程中的验收项目未作出相应规定时,应由建设单位组织监理、设计、施工等相关单位制定专项验收要求。涉及结构安全、节能、环境保护等项目的专项验收要求应由建设单位组织专家论证。专项验收要求应符合设计意图,包括分项工程及检验批的划分、抽样方案、验收方法、判定指标等内容,监理、设计、施工等单位可参与制定。

(6) 建筑工程施工质量应按下列要求进行验收。

① 工程施工质量验收均应在施工单位自检合格的基础上进行。

② 参加工程施工质量验收的各方人员应具备相应的资格。

③ 检验批的质量应按主控项目和一般项目验收。

④ 对涉及结构安全、节能、环境保护和主要使用功能的试块、试件及材料,应在进场时或施工中按规定进行见证检验。

⑤ 隐蔽工程在隐蔽前应由施工单位通知项目监理机构进行验收,并应形成验收文件,验收合格后方可继续施工。

⑥ 对涉及结构安全、节能、环境保护等的重要分部工程应在验收前按规定进行抽样检验。

⑦ 工程的观感质量应由验收人员现场检查,并应共同确认。

(7) 建筑工程施工质量验收合格应符合下列规定。

① 符合工程勘察、设计文件的规定。

② 符合《建筑工程施工质量验收统一标准》(GB/T 50300—2013)和相关专业验收规范的规定。

2. 检验批质量验收

1) 检验批质量验收程序

检验批是工程施工质量验收的最小单位,是分项工程乃至整个建筑工程质量验收的基础。

检验批质量验收应由专业监理工程师组织施工单位项目专业质量检查员、专业工长等进行。

验收前,施工单位应先对施工完成的检验批进行自检,合格后由项目专业质量检查员填写检验批质量验收记录及检验批报审、报验表,并报送项目监理机构申请验收;专业监理工程师对施工单位所报资料进行审查,并组织相关人员到验收现场进行主控项目和一般项目的实体检查、验收。对验收不合格的检验批,专业监理工程师应要求施工单位进行整改,并自检合格后予以复验;对验收合格的检验批,专业监理工程师应签认检验批报审、报验表及质量验收记录,准许进行下一道工序施工。

2) 检验批质量验收合格的规定

(1) 主控项目的质量经抽样检验均应合格。

(2) 一般项目的质量经抽样检验合格。当采用计数抽样时,合格点率应符合有关专业验收规范的规定,且不得存在严重缺陷。

(3) 具有完整的施工操作依据、质量验收记录。

检验批质量验收合格条件除主控项目和一般项目的质量经抽样检验合格外,其施工操作依据、质量验收记录尚应完整且符合设计、验收规范的要求。只有符合检验批质量验收合格条件,该检验批质量方能判定合格。

3) 注意事项

(1) 主控项目的质量经抽样检验均应合格。主控项目是指建筑工程中对安全、节能、环境保护和主要使用功能起决定性作用的检验项目,如钢筋连接的主控项目为纵向受力钢筋的连接方式应符合设计要求。

主控项目是对检验批的基本质量起决定性影响的检验项目,是保证工程安全和使用功能的重要检验项目,因此必须全部符合有关专业验收规范的规定。主控项目如果达不到规定的质量指标,降低要求就相当于降低该工程的性能指标,就会严重影响工程的安全性能。这意味着主控项目不允许有不符合要求的检验结果,必须全部合格才符合要求。如混凝土、砂浆强度等级是保证混凝土结构、砌体强度的重要性能,必须全部达到要求。

为了使检验批的质量符合工程安全和使用功能的基本要求,达到保证工程质量的目的,各专业工程质量验收规范对各检验批的主控项目的合格质量给予明确的规定。如钢筋安装验收时的主控项目为受力钢筋的品种、级别、规格和数量必须符合设计要求。

主控项目包括的主要内容如下。

① 工程材料、构配件和设备的技术性能等。如水泥、钢材的质量;预制墙板、门窗等构配件的质量;风机等设备的质量。

② 涉及结构安全、节能、环境保护和主要使用功能的检测项目。如混凝土、砂浆的强度;钢结构的焊缝强度;管道的压力试验;风管的系统测定与调整;电气的绝缘、接地测试;电梯的安全保护、试运转结果等。

③ 一些重要的允许偏差项目,必须控制在允许偏差限值之内。

(2) 一般项目的质量须经抽样检验合格。当采用计数抽样时,合格点率应符合有关专业验收规范的规定,且不得存在严重缺陷。

一般项目是指除主控项目以外的检验项目。为了使检验批的质量符合工程安全和使用功能的基本要求,达到保证工程质量的目的,各专业工程质量验收规范对各检验批的一般项目的合格质量给予明确的规定。如钢筋连接的一般项目为钢筋的接头宜设置在受力较小处,同一纵向受力钢筋不宜设置两个或两个以上接头,接头末端至钢筋弯起点的距离不应小于钢筋直径的10倍。对于一般项目,虽然允许存在一定数量的不合格点,但某些不合格点的指标与合格要求偏差较大或存在严重缺陷时,仍将影响使用功能或感观的要求,对这些位置应进行维修处理。

一般项目包括的主要内容:①允许有一定偏差的项目,而放在一般项目中,用数据规定的标准,可以有个别偏差范围。②对不能确定偏差值而又允许出现一定缺陷的项目,则以缺陷的数量来区分。如砖砌体预埋拉结筋,其留置间距偏差;混凝土钢筋露筋,露出一定长度等。③其他一些无法定量的而采用定性的项目。如碎拼大理石地面颜色协调,无明显裂缝和坑洼等。

(3)具有完整的施工操作依据、质量验收记录(见表2-14)。

表2-14 检验批质量验收记录

单位(子单位)工程名称			分部(子分部)工程名称		分项工程名称		
施工单位			项目负责人		检验批容量		
分包单位			分包单位项目负责人		检验批部位		
施工依据				验收依据			
验收项目		设计要求及规范规定	最小/实际抽样数量	检查记录			检查结果
主控项目	1						
	2						
	3						
	4						
	5						
	6						
	7						
	8						
	9						
	10						
一般项目	1						
	2						
	3						
	4						
	5						
施工单位检查结果			专业工长: 项目专业质量检查员: 年 月 日				
监理单位验收结论			专业监理工程师: 年 月 日				

质量控制资料反映了检验批从原材料到最终验收的各施工工序的操作依据、检查情况以及保证质量所必需的管理制度等。对其完整性的检查，实际是对过程控制的确认，这是检验批质量验收合格的前提。质量控制资料主要包括：

① 图纸会审记录、设计变更通知单、工程洽商记录、竣工图。

② 工程定位测量、放线记录。

③ 原材料出厂合格证书及进场检验、试验报告。

④ 施工试验报告及见证检测报告。

⑤ 隐蔽工程验收记录。

⑥ 施工记录。

⑦ 按专业质量验收规范规定的抽样检验、试验记录。

⑧ 分项、分部工程质量验收记录。

⑨ 工程质量事故调查处理资料。

⑩ 新技术论证、备案及施工记录。

4）检验批质量检验方法

（1）检验批质量检验，可根据检验项目的特点在下列抽样方案中选取。

① 计量、计数的抽样方案。

② 一次、两次或多次抽样方案。

③ 对重要的检验项目，当有简易快速的检验方法时，选用全数检验方案。

④ 根据生产连续性和生产控制稳定性情况，采用调整型抽样方案。

⑤ 经实践证明有效的抽样方案。

（2）计量抽样的错判概率 α 和漏判概率 β 可按下列规定选取。

错判概率 α 是指合格批被判为不合格批的概率，即合格批被拒收的概率。

漏判概率 β 是指不合格批被判为合格批的概率，即不合格批被误收的概率。

抽样检验必然存在这两类风险，要求通过抽样检验的检验批 100% 合格是不合理的，也是不可能的。在抽样检验中，两类风险的一般控制范围是主控项目：α 和 β 均不宜超过 5%；一般项目：α 不宜超过 5%，β 不宜超过 10%。

（3）检验批抽样样本应随机抽取，满足分布均匀、具有代表性的要求，抽样数量不应低于有关专业验收规范的规定。

明显不合格的个体可不纳入检验批，但必须进行处理，使其满足有关专业验收规范的规定，并对处理情况予以记录。

3. 隐蔽工程质量验收

隐蔽工程是指在下一道工序施工后将被覆盖或掩盖，不易进行质量检查的工程，如钢筋混凝土工程中的钢筋工程，地基与基础工程中的混凝土基础和桩基础等。因此隐蔽工程完成后，在被覆盖或掩盖前必须进行隐蔽工程质量验收。隐蔽工程可能是一个检验批，也可能是一个分项工程或子分部工程，所以可按检验批或分项工程、子分部工程进行验收。

如隐蔽工程为检验批时，其质量验收应由专业监理工程师组织施工单位项目专业质量检查员、专业工长等进行。

施工单位应对隐蔽工程质量进行自检，合格后填写隐蔽工程质量验收记录（有关监理验收记录及结论不填写)及隐蔽工程报审、报验表,并报送项目监理机构申请验收;专业监理工程师对施工单位所报资料进行审查,并组织相关人员到验收现场进行实体检查、验收,同时应留有照片、影像等资料。对验收不合格的工程,专业监理工程师应要求施工单位进行整改,自检合格后予以复查;对验收合格的工程,专业监理工程师应签认隐蔽工程报审、报验表及质量验收记录,准予进行下一道工序施工。

如浇筑混凝土前,应进行钢筋隐蔽工程验收,其主要内容包括纵向受力钢筋的品种、级别、规格、数量和位置等;钢筋的连接方式、接头位置、接头数量、接头面积百分率等;箍筋、横向钢筋的品种、规格、数量、间距等;预埋件的规格、数量、位置等。

4. 分项工程质量验收

1) 分项工程质量验收程序

分项工程质量验收应由专业监理工程师组织施工单位项目技术负责人等进行。

验收前,施工单位应先对施工完成的分项工程进行自检,合格后填写分项工程质量验收记录(见表 2-15)及分项工程报审、报验表,并报送项目监理机构申请验收。专业监理工程师对施工单位所报资料逐项进行审查,符合要求后签认分项工程报审、报验表及质量验收记录。

2) 分项工程质量验收合格的规定

(1) 分项工程所含检验批的质量均应验收合格。

(2) 分项工程所含检验批的质量验收记录应完整。

分项工程的验收是在检验批的基础上进行的。一般情况下,检验批和分项工程两者具有相同或相近的性质,只是批量的大小不同而已,实际上,分项工程质量验收是一个汇总统计的过程。分项工程质量验收合格条件是构成分项工程的各检验批的质量验收资料完整,并且均已验收合格。

5. 分部工程质量验收

1) 分部(子分部)工程质量验收程序

分部(子分部)工程质量验收应由总监理工程师组织施工单位项目负责人和项目技术、质量负责人等进行。由于地基与基础、主体结构工程要求严格,技术性强,关系到整个工程的安全,为严把质量关,规定勘察、设计单位项目负责人和施工单位技术、质量负责人应参加地基与基础分部工程的验收。设计单位项目负责人和施工单位技术、质量负责人应参加主体结构、节能分部工程的验收。

验收前,施工单位应先对施工完成的分部工程进行自检,合格后填写分部工程质量验收记录(见表 2-16)及分部工程报验表(见表 2-17),并报送项目监理机构申请验收。总监理工程师应组织相关人员进行检查、验收,对验收不合格的分部工程,应要求施工单位进行整改,自检合格后予以复查。对验收合格的分部工程,应签认分部工程报验表及质量验收记录。

2) 分部(子分部)工程质量验收合格的规定

(1) 所含分项工程的质量均应验收合格。

(2) 质量控制资料应完整。

(3) 有关安全、节能、环境保护和主要使用功能的抽样检验结果应符合相应规定。

(4) 观感质量应符合要求。

表 2-15 ＿＿＿＿＿＿＿＿＿＿**工程质量验收记录**

单位(子单位)工程名称			分部(子分部)工程名称			
分项工程数量			检验批数量			
施工单位			项目负责人		项目技术负责人	
分包单位			分包单位项目负责人		分包内容	
序号	检验批名称	检验批容量	部位/区段	施工单位检查结果	监理单位验收结论	
1						
2						
3						
4						
5						
6						
7						
8						
9						
10						
11						
12						
13						
14						
15						
说明:						
施工单位检查结果			项目专业技术负责人: 年 月 日			
监理单位验收结论			专业监理工程师: 年 月 日			

表 2-16 分部工程质量验收记录

单位(子单位)工程名称			子分部工程数量		分项工程数量	
施工单位			项目负责人		技术(质量)负责人	
分包单位			分包单位负责人		分包内容	
序号	子分部工程名称	分项工程名称	检验批数量	施工单位检查结果	监理单位验收结论	
1						
2						
3						
4						
5						
6						
7						
8						
质量控制资料						
安全和功能检验结果						
观感质量检验结果						
综合验收结论						

施工单位 项目负责人: 年 月 日	勘察单位 项目负责人: 年 月 日	设计单位 项目负责人: 年 月 日	监理单位 总监理工程师: 年 月 日

注:1. 地基与基础分部工程的验收应由施工、勘察、设计单位项目负责人和总监理工程师参加并签字。

2. 主体结构、节能分部工程的验收应由施工、设计单位项目负责人和总监理工程师参加并签字。

表 2-17　分部工程报验表

工程名称：　　　　　　　　　　　　　　　　　　　　　　　编号：

致：＿＿＿＿＿＿＿＿＿＿＿＿＿＿＿＿＿＿＿＿＿＿＿＿（项目监理机构） 我方已完成＿＿＿＿＿＿＿＿＿＿＿＿＿＿＿＿＿＿＿＿＿（分部工程），经自检合格，请予以验收。 附件：分部工程质量资料。   <div align="right">施工项目经理部（盖章） 项目技术负责人（签字） 年　　月　　日</div>
验收意见：   <div align="right">专业监理工程师（签字） 年　　月　　日</div>
验收意见：   <div align="right">项目监理机构（盖章） 总监理工程师（签字） 年　　月　　日</div>

注：本表一式三份，项目监理机构、建设单位、施工单位各一份。

　　分部工程质量验收是在其所含各分项工程质量验收的基础上进行的。首先，分部工程所含各分项工程必须是已验收合格且相应的质量控制资料齐全、完整，这是验收的基本条件。其次，由于各分项工程的性质不尽相同，因此作为分部工程不能简单地组合而加以验收，尚须进行以下两方面的检查项目。

　　① 涉及安全、节能、环境保护和主要使用功能等的地基与基础、主体结构和设备安装等分部工程应进行有关见证检验或抽样检验。总监理工程师应组织相关人员，检查各专业验收规范中规定检测的项目是否都进行了检测；查阅各项检测报告（记录），核查有关检测方法、内容、程序、检测结果等是否符合有关标准规定；核查有关检测单位的资质，见证取样与送样人员资格，检测报告出具单位负责人的签署情况是否符合要求。

　　② 观感质量验收。这类检查往往难以定量，只能以观察、触摸或简单量测的方式进行观感质量验收，并由验收人的主观判断，检查结果并不给出"合格"或"不合格"的结论，而是综合给出"好""一般""差"的质量评价结果。所谓"一般"，是指观感质量检验能符合验收规范的要求；所谓"好"，是指在质量符合验收规范的基础上，能达到精致、流畅的要求，细部处理到位、精度控制好；所谓"差"，是指勉强达到验收规范要求，或有明显的缺陷，但不影响安全或使用功能的。

6. 单位工程质量验收

1) 单位(子单位)工程质量验收程序

(1) 预验收。单位工程完成后,施工单位应依据验收规范、设计图纸等组织有关人员进行自检,对存在的问题自行整改处理,合格后填写单位工程竣工验收报审表(见表2-18),并将相关竣工资料报送项目监理机构申请预验收。

表 2-18　单位工程竣工验收报审表

工程名称:　　　　　　　　　　　　　　　　　　　　　　　　编号:

致:＿＿＿＿＿＿＿＿＿＿＿＿＿＿＿＿＿＿＿＿＿＿＿＿(项目监理机构) 我方已按施工合同要求完成＿＿＿＿＿＿＿＿＿＿＿＿＿＿＿＿＿＿＿＿工程,经自检合格,现将有关资料报上,请予以验收。 附件: 1. 工程质量验收报告 　　　 2. 工程功能检验资料   　　　　　　　　　　　　　　　　　　　　　　　　施工单位(盖章) 　　　　　　　　　　　　　　　　　　　　　　　　项目经理(签字) 　　　　　　　　　　　　　　　　　　　　　　　　　　　年　月　日
预验收意见: 经预验收,该工程合格/不合格,可以/不可以组织正式验收。   　　　　　　　　　　　　　　　　　　　　项目监理机构(盖章) 　　　　　　　　　　　　　　　　　　　　总监理工程师(签字、加盖执业印章) 　　　　　　　　　　　　　　　　　　　　　　　　年　月　日

注:本表一式三份,项目监理机构、建设单位、施工单位各一份。

总监理工程师应组织专业监理工程师审查施工单位提交的单位工程竣工验收报审表及有关竣工资料,并对工程质量进行竣工预验收。存在质量问题时,应由施工单位及时整改,整改完毕且合格后,总监理工程师应签认单位工程竣工验收报审表及有关资料,并向建设单位提交工程质量评估报告。施工单位向建设单位提交工程竣工报告,申请工程竣工验收。

对需要进行功能试验的项目(包括单机试车和无负荷试车),专业监理工程师应督促施工单位及时进行试验,并对重要项目进行现场监督、检查,必要时请建设单位和设计单位参加;专业监理工程师应认真审查试验报告单并督促施工单位做好成品保护和现场清理。

单位工程中的分包工程完工后,分包单位应对所施工的建筑工程进行自检,并应按规定的程序进行验收。验收时,总承包单位应派人参加。验收合格后,分包单位应将所分包工程的质量控制资料整理完整后,移交给总承包单位。建设单位组织单位工程质量验收时,分包单位负责人应参加验收。

(2)验收。建设单位收到施工单位提交的工程竣工报告和完整的质量控制资料,以及项目监理机构提交的工程质量评估报告后,由建设单位项目负责人组织设计、勘察、监理、施工等单位项目负责人进行单位工程验收。对验收中提出的整改问题,项目监理机构应督促施工单位及时整改。工程质量符合要求的,总监理工程师应在工程竣工验收报告中签署验收意见。

《建设工程质量管理条例》规定,建设工程竣工验收应当具备下列条件。

① 完成建设工程设计和合同约定的各项内容。

② 有完整的技术档案和施工管理资料。

③ 有工程使用的主要建筑材料、建筑构配件和设备的进场试验报告。

④ 有勘察、设计、施工、工程监理等单位分别签署的质量合格文件。

⑤ 有施工单位签署的工程保修书。

对于不同性质的建设工程还应满足其他一些具体要求,如工业建设项目,还应满足环境保护设施、劳动、安全与卫生设施、消防设施以及必需的生产设施已按设计要求与主体工程同时建成,并经有关专业部门验收合格可交付使用。

在一个单位工程中,对满足生产要求或具备使用条件,施工单位经自行检验,专业监理工程师已预验收通过的子单位工程,建设单位可组织进行验收。有几个施工单位负责施工的单位工程,当其中的施工单位所负责的子单位工程已按设计完成,并经自行检验,也可按规定的程序组织正式验收,办理交工手续。在整个单位工程进行全部验收时,已验收的子单位工程验收资料应作为单位工程验收的附件。

单位工程验收时,如有因季节影响需后期调试的项目,单位工程可先行验收。后期调试项目可约定具体时间另行验收。如一般空调制冷性能不能在冬季验收,采暖工程不能在夏季验收。

2)单位(子单位)工程质量验收合格的规定

(1)所含分部(子分部)工程质量均应验收合格。

(2)质量控制资料应完整。

(3)所含分部工程中有关安全、节能、环境保护和主要使用功能等的检验资料应完整。

(4)主要使用功能的抽查结果应符合相关专业质量验收规范的规定。

(5)观感质量应符合要求。

单位工程质量验收也称质量竣工验收,是建筑工程投入使用前的最后一次验收,也是最重要的一次验收。参建各方责任主体和有关单位及人员应加以重视,认真做好单位工程质量竣工验收,把好工程质量关。

3)注意事项

(1)所含分部(子分部)工程的质量均应验收合格。施工单位事前应认真做好验收准备,将所有分部工程的质量验收记录表及相关资料,及时进行收集整理,并列出目次表,依序将其装订成册。在核查和整理过程中,应注意以下3点:①核查各分部工程中所含的子分部工程是否齐全。②核查各分部工程质量验收记录表及相关资料的质量评价是否完善。③核查各分部工程质量验收记录表及相关资料的验收人员是否是规定的有相应资质的技术人员,并进行了评价和签认。

(2)质量控制资料应完整。质量控制资料完整是指所收集到的资料,能反映工程所采用的建筑材料、构配件和设备的质量技术性能,施工质量控制和技术管理状况,涉及结构安全和使用功能的施工试验与抽样检测结果,以及工程参建各方质量验收的原始依据、客观记录、真实数据和见证取样等资料,能够确保工程结构安全和使用功能,满足设计要求。它是客观评价工程质量的主要依据。

尽管质量控制资料在分部工程质量验收时已经检查过,但某些资料由于受试验龄期的影响,或受系统测试的需要等,难以在分部工程验收时到位。因此应对所有分部工程质量控制资料的系统性和完整性进行一次全面的核查,在全面梳理的基础上,重点检查资料是否齐全、有无遗漏,从而达到完整无缺的要求。

(3)所含分部工程中有关安全、节能、环境保护和主要使用功能等的检验资料应完整。对涉及安全、节能、环境保护和主要使用功能的分部工程的检验资料应复查合格,资料复查不但要全面检查其完整性,不得有漏检缺项,而且对分部工程验收时的见证抽样检验报告也要进行复核,这体现了对安全和主要使用功能的重视。

(4)主要使用功能的抽查结果应符合相关专业质量验收规范的规定。对主要使用功能应进行抽查,使用功能的检查是对建筑工程和设备安装工程最终质量的综合检验,也是用户最为关心的内容,体现了过程控制的原则,也将减少工程投入使用后的质量投诉和纠纷。因此,在分项、分部工程质量验收合格的基础上,竣工验收时再做全面的检查。

主要使用功能抽查项目,已在各分部工程中列出,有的是在分部工程完成后进行检测,有的还要待相关分部工程完成后才能检测,有的则需要等单位工程全部完成后进行检测。这些检测项目应在单位工程完工,施工单位向建设单位提交工程竣工验收报告之前,全部进行完毕,并将检测报告写好。至于在竣工验收时抽查什么项目,应在检查资料文件的基础上由参加验收的各方人员商定,并用计量、计数的方法抽样检验,检验结果应符合有关专业验收规范的要求。

(5)观感质量应符合要求。观感质量验收不单纯是对工程外表质量进行检查,同时也是对部分使用功能和使用安全所做的一次全面检查。如门窗启闭是否灵活、关闭后是否严密,又如室内顶棚抹灰层的空鼓、楼梯踏步高差过大等。涉及使用的安全,在检查时应加以关注。观感质量验收须由参加验收的各方人员共同进行,检查的方法、内容、结论等已在分部工程的相应部分中阐述,最后共同协商确定是否通过验收。

4)单位(子单位)工程质量竣工验收报审表及竣工验收记录

单位(子单位)工程质量竣工验收记录按表 2-19 填写,质量控制资料核查记录按

表 2-20 填写,安全和功能检验资料核查按表 2-21 填写,观感质量检查记录按表 2-22 填写。表中的验收记录由施工单位填写,验收结论由监理单位填写。综合验收结论由参加验收各方共同商定,由建设单位填写,并应对工程质量是否符合设计和规范要求及总体质量水平作出评价。

表 2-19 单位工程质量竣工验收记录

工程名称		结构类型		层数/建筑面积	
施工单位		技术负责人		开工日期	
项目负责人		项目技术负责人		完工日期	

序号	项 目	验 收 记 录	验 收 结 论
1	分部工程验收	共　　分部,经核查符合设计及标准规定　　分部	
2	质量控制资料核查	共　　项,经核查符合规定　　项	
3	安全和使用功能核查及抽查结果	共核查　　项,符合规定　　项,共抽查　　项,符合规定　　项,经返工处理符合规定　　项	
4	观感质量验收	共抽查　　项,达到"好"和"一般"的　　项,经返修处理符合要求的　　项	
5	综合验收结论		

参加验收单位	建 设 单 位	监 理 单 位	施 工 单 位	设 计 单 位	勘 察 单 位
	(公章) 项目负责人: 　年月日	(公章) 总监理工程师: 　年月日	(公章) 项目负责人: 　年月日	(公章) 项目负责人: 　年月日	(公章) 项目负责人: 　年月日

注:单位工程验收时,验收签字人员应由相应单位的法人代表书面授权。

表 2-20　单位工程质量控制资料核查记录

工程名称				施工单位				
序号	项目	资 料 名 称	份数	施 工 单 位		监 理 单 位		
				核查意见	核查人	核查意见	核查人	
1	建筑与结构	图纸会审记录、设计变更通知单、工程洽商记录						
2		工程定位测量、放线记录						
3		原材料出厂合格证书及进场检验、试验报告						
4		施工试验报告及见证检测报告						
5		隐蔽工程验收记录						
6		施工记录						
7		地基、基础、主体结构检验及抽样检测资料						
8		分项、分部工程质量验收记录						
9		工程质量事故调查处理资料						
10		新技术论证、备案及施工记录						
1	给排水与供暖	图纸会审记录、设计变更通知单、工程洽商记录						
2		原材料出厂合格证书及进场检验、试验报告						
3		管道、设备强度试验、严密性试验记录						
4		隐蔽工程验收记录						
5		系统清洗、灌水、通水、通球试验记录						
6		施工记录						
7		分项、分部工程质量验收记录						
8		新技术论证、备案及施工记录						
1	通风与空调	图纸会审记录、设计变更通知单、工程洽商记录						
2		原材料出厂合格证书及进场检验、试验报告						
3		制冷、空调、水管道强度试验、严密性试验记录						
4		隐蔽工程验收记录						
5		制冷设备运行调试记录						
6		通风、空调系统调试记录						
7		施工记录						
8		分项、分部工程质量验收记录						
9		新技术论证、备案及施工记录						
1	建筑电气	图纸会审记录、设计变更通知单、工程洽商记录						
2		原材料出厂合格证书及进场检验、试验报告						
3		设备调试记录						
4		接地、绝缘电阻测试记录						
5		隐蔽工程验收记录						
6		施工记录						
7		分项、分部工程质量验收记录						
8		新技术论证、备案及施工记录						

续表

序号	项目	资料名称	份数	施工单位		监理单位	
				核查意见	核查人	核查意见	核查人
1	智能建筑	图纸会审记录、设计变更通知单、工程洽商记录					
2		原材料出厂合格证书及进场检验、试验报告					
3		隐蔽工程验收记录					
4		施工记录					
5		系统功能测定及设备调试记录					
6		系统技术、操作和维护手册					
7		系统管理、操作人员培训记录					
8		系统检测报告					
9		分项、分部工程质量验收记录					
10		新技术论证、备案及施工记录					
1	建筑节能	图纸会审记录、设计变更通知单、工程洽商记录					
2		原材料出厂合格证书及进场检验、试验报告					
3		隐蔽工程验收记录					
4		施工记录					
5		外墙、外窗节能检验报告					
6		设备系统节能检测报告					
7		分项、分部工程质量验收记录					
8		新技术论证、备案及施工记录					
1	电梯	图纸会审记录、设计变更通知单、工程洽商记录					
2		设备出厂合格证书及开箱检验记录					
3		隐蔽工程验收记录					
4		施工记录					
5		接地、绝缘电阻测试记录					
6		负荷试验、安全装置检查记录					
7		分项、分部工程质量验收记录					
8		新技术论证、备案及施工记录					

结论：

施工单位项目负责人：　　　　　　　　　　　　总监理工程师：

　　　　　　　年　月　日　　　　　　　　　　　　　　　年　月　日

表 2-21　单位(子单位)工程安全和功能检验资料核查及主要功能抽查记录

工程名称			施工单位				
序号	项目	安全和功能检查项目	份数	施 工 单 位		监 理 单 位	
				核查意见	核查人	核查意见	核查人
1	建筑与结构	地基承载力检验报告					
2		桩基承载力检验报告					
3		混凝土强度试验报告					
4		砂浆强度试验报告					
5		主体结构尺寸、位置抽查记录					
6		建筑物垂直度、标高、全高测量记录					
7		屋面淋水或蓄水试验记录					
8		地下室渗漏水检测记录					
9		有防水要求的地面蓄水试验记录					
10		抽气(风)道检查记录					
11		外窗气密性、水密性、耐风压检测报告					
12		幕墙气密性、水密性、耐风压检测报告					
13		建筑物沉降观测测量记录					
14		节能、保温测试记录					
15		室内环境检测报告					
16		土壤氡气浓度检测报告					
1	给排水与供暖	给水管道通水试验记录					
2		暖气管道、散热器压力试验记录					
3		卫生器具满水试验记录					
4		消防管道、燃气管压力试验记录					
5		排水干管通球试验记录					
6		锅炉试运行、安全阀及报警联动测试记录					
1	通风与空调	通风、空调系统试运行记录					
2		风量、温度测试记录					
3		空气能量回收装置测试记录					
4		洁净室洁净度测试记录					
5		制冷机组试运行调试记录					
1	建筑电气	建筑照明通电试运行记录					
2		灯具固定装置及悬吊装置的载荷强度试验记录					
3		绝缘电阻测试记录					
4		剩余电流动作保护器测试记录					
5		应急电源装置应急持续供电记录					
6		接地电阻测试记录					
7		接地故障回路阻抗测试记录					
1	智能建筑	系统试运行记录					
2		系统电源及接地检测报告					
3		系统接地检测报告					
1	建筑节能	外墙节能构造检查记录或热工性能检验报告					
2		设备系统节能性能检验记录					
1	电梯	运行记录					
2		安装装置检测报告					

结论:

施工单位项目负责人:　　　　　　　　　　　总监理工程师:
　　　　　　　　　年 月 日　　　　　　　　　　　　　年 月 日

注:抽查项目由验收组协商确定。

表 2-22 单位工程观感质量检查记录

工程名称			施工单位				
序号		项　目	抽查质量状况				质量评价
1	建筑与结构	主体结构外观	共检查　点,好　点,一般　点,差　点				
2		室外墙面	共检查　点,好　点,一般　点,差　点				
3		变形缝、雨水管	共检查　点,好　点,一般　点,差　点				
4		屋面	共检查　点,好　点,一般　点,差　点				
5		室内墙面	共检查　点,好　点,一般　点,差　点				
6		室内顶棚	共检查　点,好　点,一般　点,差　点				
7		室内地面	共检查　点,好　点,一般　点,差　点				
8		楼梯、踏步、护栏	共检查　点,好　点,一般　点,差　点				
9		门窗	共检查　点,好　点,一般　点,差　点				
10		雨罩、台阶、坡道、散水	共检查　点,好　点,一般　点,差　点				
1	给排水与供暖	管道接口、坡度、支架	共检查　点,好　点,一般　点,差　点				
2		卫生器具、支架、阀门	共检查　点,好　点,一般　点,差　点				
3		检查口、扫除口、地漏	共检查　点,好　点,一般　点,差　点				
4		散热器、支架	共检查　点,好　点,一般　点,差　点				
1	通风与空调	风管、支架	共检查　点,好　点,一般　点,差　点				
2		风口、风阀	共检查　点,好　点,一般　点,差　点				
3		风机、空调设备	共检查　点,好　点,一般　点,差　点				
4		管道、阀门、支架	共检查　点,好　点,一般　点,差　点				
5		水泵、冷却塔	共检查　点,好　点,一般　点,差　点				
6		绝热	共检查　点,好　点,一般　点,差　点				
1	建筑电气	配电箱、盘、板、接线盒	共检查　点,好　点,一般　点,差　点				
2		设备器具、开关、插座	共检查　点,好　点,一般　点,差　点				
3		防雷、接地、防火	共检查　点,好　点,一般　点,差　点				
1	智能建筑	机房设备安装及布局	共检查　点,好　点,一般　点,差　点				
2		现场设备安装	共检查　点,好　点,一般　点,差　点				
1	电梯	运行、平层、开门	共检查　点,好　点,一般　点,差　点				
2		层门、信号系统	共检查　点,好　点,一般　点,差　点				
3		机房	共检查　点,好　点,一般　点,差　点				
		观感质量综合评价					

结论：

施工单位项目负责人：　　　　　　　　　　　　　总监理工程师：

　　　　　　　年　月　日　　　　　　　　　　　　　　　年　月　日

注：1. 对质量评价为差的项目应进行返修。

　　2. 观感质量检查的原始记录应作为本表附件。

7. 工程施工质量验收不符合要求的处理

一般情况下,不合格现象在检验批验收时就应发现并及时处理,但实际工程中不能完全避免不合格情况的出现,因此工程施工质量验收不符合要求的应按下列要求进行处理。

(1)经返工或返修的检验批,应重新进行验收。在检验批验收时,对于主控项目不能满足验收规范规定或一般项目超过偏差限值时,应及时进行处理。其中,对于严重的质量缺陷应重新施工;一般的质量缺陷可通过返修或更换予以解决,允许施工单位在采取相应的措施后重新验收。如能够符合相应的专业验收规范要求,则应认为该检验批合格。

(2)经有资质的检测单位检测鉴定能够达到设计要求的检验批,应予以验收。当个别检验批发现问题,难以确定能否验收时,应请具有资质的法定检测单位进行检测鉴定。当鉴定结果认为能够达到设计要求时,该检验批可以通过验收。这种情况通常出现在某检验批的材料试块强度不满足设计要求时。

(3)经有资质的检测单位检测鉴定达不到设计要求,但经原设计单位核算认可能够满足安全和使用功能要求时,该检验批可予以验收。如经检测鉴定达不到设计要求,但经原设计单位核算、鉴定,仍可满足相关设计规范和使用功能的要求时,该检验批可予以验收。一般情况下,标准、规范规定的是满足安全和功能的最低要求,而设计往往在此基础上留有一些余量。在一定范围内,会出现不满足设计要求而符合相应规范要求的情况,两者并不矛盾。

(4)经返修或加固处理的分项、分部工程,满足安全及使用功能要求时,可按技术处理方案和协商文件的要求予以验收。经法定检测单位检测鉴定以后认为达不到规范的相应要求,即不能满足最低限度的安全储备和使用功能时,则必须按一定的技术处理方案进行加固处理,使之能满足安全使用的基本要求。这样可能会造成一些永久性的影响,如增大结构外形尺寸,影响一些次要的使用功能等。但为了避免建筑物的整体或局部拆除,避免社会财富更大的损失,在不影响安全和主要使用功能的前提下,可按技术处理方案和协商文件的要求进行验收,责任方应按法律法规承担相应的经济责任和接受处罚。这种方法不能作为降低质量要求、变相通过验收的一种出路,这是应该特别注意的。

(5)经返修或加固处理仍不能满足安全或重要使用要求的分部工程及单位工程或子单位工程,严禁验收。分部工程及单位工程如存在影响安全和使用功能的严重缺陷,经返修或加固处理仍不能满足安全使用要求的,严禁通过验收。

(6)工程质量控制资料应齐全完整,当部分资料缺失时,应委托有资质的检测单位按有关标准进行相应的实体检测或抽样试验。实际工程中偶尔会遇到因遗漏检验或资料丢失而导致部分施工验收资料不全的情况,使工程无法正常验收。对此可有针对性地进行工程质量检验,采取实体检测或抽样试验的方法确定工程质量状况。上述工作应由有资质的检测单位完成,检验报告可用于工程施工质量验收。

思 考 题

1. 施工质量控制的依据主要有哪些方面?
2. 简要说明施工阶段监理工程师质量控制的三个阶段及相应工作内容。

3. 简要说明专业监理工程师审查施工组织设计的基本内容与程序。

4. 专业监理工程师对施工方案审查的重点是什么？

5. 专业监理工程师如何审查分包单位的资格？

6. 专业监理工程师如何查验施工控制测量成果？

7. 专业监理工程师如何进行施工试验室的检查？

8. 专业监理工程师如何进行进场材料构配件的质量控制？

9. 项目监理机构如何做好开工条件审查？

10. 专业监理工程师如何做好巡视与旁站？

11. 什么情况下可以签发工程暂停令？

12. 如何做好工程质量记录资料的管理？

13. 什么是建筑工程施工质量验收的主控项目和一般项目？

14. 什么是检验批？检验批的划分原则是什么？

15. 什么是单位工程？单位工程的划分原则是什么？

16. 试说明单位工程的验收程序。

17. 试说明工程施工质量验收不符合要求时的处理方法。

单元 3 施工现场安全生产和绿色施工监理

知识目标

1. 了解

(1) 安全、安全管理、危险源的概念,各参建单位安全责任。

(2) 文明施工的概念。

(3) 绿色施工、建筑垃圾、建筑废弃物、信息化施工、建筑工业化的概念。

2. 熟悉

(1) 施工现场安全管理的基本知识和安全生产管理的监理知识。

(2) 文明施工、环境保护和施工现场消防管理技术要点。

(3) 熟悉绿色施工的基本规定,施工准备、施工场地和各分部工程的绿色施工要求。

3. 掌握

(1) 安全管理的方针,安全生产的基本知识,危险源的识别。

(2) 文明施工的检查标准。

(3) 建筑工程绿色施工评价标准。

能力目标

1. 能够审查施工单位施工现场安全管理。

2. 能够进行施工现场文明施工检查。

3. 能够对建筑工程绿色施工进行检查评价。

3.1 施工现场安全生产管理的监理

安全是指预知人类在生产和生活各个领域存在的固有的或潜在的危险,并且为消除这些危险所采取的各种方法、手段和行动的总称。包括人身安全、设备与财产安全、环境安全等。

安全生产管理是管理科学的一个重要分支,它是为实现安全目标而进行的有关决策、计划、组织和控制等方面的活动;主要运用现代安全管理原理、方法和手段,分析和研究各种不安全因素,从技术上、组织上和管理上采取有力的措施,解决和消除各种不安全因素,防止事故的发生。

建筑工程安全生产管理是指为保证生产安全所进行的计划、组织、指挥、协调和控制等一系列管理活动,目的是保护施工现场工作人员在工程施工过程中的安全与健康,保证顺利完成建筑施工任务。建筑工程安全生产管理包括建设行政主管部门对于建筑活动过程中安全生产的行业管理;安全生产行政主管部门对建筑活动过程中安全生产的综合性监督管理;从事建筑活动的主体(包括建筑施工企业、建筑勘察单位、设计单位和工程监理单位)为保证建筑生产活动的安全生产所进行的自我管理等。

危险源是指存在着导致伤害、疾病或财物损失可能性的情况,是可能产生不良结果或有害结果的活动、状况或环境的潜在的或固有的特性。

建筑施工危险源是指建筑工程施工相关活动中,可能导致人身伤害、健康损害或财产损失或造成不良社会影响的根源、状态或行为,或其组合。建筑施工危险源包括危险性较大的分部分项工程、临时建筑等。

建设工程安全生产管理的监理是建设工程监理的重要组成部分,也是建设工程安全生产管理的重要保障,是指按照《建设工程监理规范》中所规定要求的履行安全管理的监理职责。建设工程安全生产监理的实施是提高施工现场安全管理水平的有效方法,也是建设管理体制改革中加强安全管理、控制重大伤亡事故的一种新模式。

施工现场安全生产管理的监理是指监理工程师对建设工程中人、机械、材料、方法、环境及施工全过程的安全生产进行监督管理,采取组织、技术、经济和合同措施,保证建设行为符合国家安全生产、劳动保护、环境保护、消防等法律法规、标准规范和有关方针、政策,有效地将建设工程安全风险控制在允许的范围内,以确保安全。建设工程安全监理的作用如下。

1. 有利于防止或减少生产安全事故,保障人民群众生命和财产安全

我国建设工程规模逐步加大,建设领域安全事故起数和伤亡人数一直居高不下,个别地区施工现场安全生产情况仍然十分严峻,安全事故时常发生,导致群死群伤恶性事件,给广大人民群众的生命和财产带来巨大损失,实行建设工程安全监理制,监理工程师是既懂工程技术、经济、法律又懂安全管理的专业人士,有能力及时发现建设工程实施过程中出现的安全隐患,并要求施工单位及时整改、消除,从而有利于防止或减少生产安全事故的发生,也就保障了广大人民群众的生命和财产安全,保障了国家公共利益,从而维护了社会安定团结。

2. 有利于实现工程投资效益最大化

实行建设工程安全监理制,由监理工程师进行施工现场安全生产的监督管理,防止和减少生产安全事故的发生,保证了建设工程质量,也保证了施工进度顺利开展,从而保证了建设工程整个进度计划的实现,有利于投资的正常回收,实现投资效益的最大化。

3. 有利于规范工程建设参与各方主体的安全生产行为

在建设工程安全监理实施过程中,监理工程师采用事前控制、事中控制和事后控制相结合的方式,对建设工程安全生产的全过程进行动态监督管理,可以有效地规范各施工单位的安全生产行为,最大限度地避免不当安全生产行为的发生。即使出现不当安全生产行为,也可以及时加以制止,最大限度地减少其不良后果。此外,由于建设单位不了解建设工程安全生产等有关的法律法规、管理程序等,也可能发生不当安全生产行为。为避免发生建设单位的不当安全生产行为,监理工程师可以向建设单位提出适当的建议,从而也有利于规范建设单位的安全生产行为。

4. 有利于促使施工单位保证建设工程施工安全,提高整体施工行业安全生产管理水平

实行建设工程安全监理制,通过监理工程师对建设工程施工生产的安全监督管理,以及监理工程师的审查、督促、检查等手段,促使施工单位进行安全生产,改善劳动作业条件,提高安全技术措施等,保证建设工程施工安全,提高施工单位自身施工安全生产管理水平,从而提高了整体施工行业安全生产管理水平。

5. 有利于提高建设工程安全生产管理水平

实行建设工程安全监理制,可以对建设工程安全生产实施三重监控,即施工单位自身的安全控制、政府的安全生产监督管理、工程监理单位的安全监理。一方面,有利于防止和避免安全事故;另一方面,政府通过改进市场监管方式,充分发挥市场机制,通过工程监理单位的介入,对施工现场安全生产的监督管理,改变以往政府被动的安全检查方式,共同形成安全生产监管合力,从而提高我国建设工程安全生产管理水平。

6. 有利于建设工程安全生产保证机制的形成

据 2003 年统计,全国建设系统共设有建设工程安全监督机构 1 706 个,安全生产监督人员 0.88 万人,而工程质量监督机构 3 047 个,质量监督人员 4 万人,政府建设工程安全生产监管力量明显不足。实施建设工程安全监理制,有利于建设工程安全生产保证机制的形成,即施工企业负责监理中介服务政府市场监管,从而保证我国建设领域的安全生产。

3.1.1 安全监理的行为主体

《中华人民共和国建筑法》规定:"实行监理的建筑工程,由建设单位委托具有相应资质条件的工程监理单位监理。"这是我国建设工程监理制度的一项重要规定。建设工程安全监理是建设工程监理的重要组成部分,因此,它只能由具有相应资质的工程监理单位来开展监理,建设工程安全监理的主体是工程监理单位。

建设工程安全监理不同于建设行政主管部门安全生产监督管理。后者的行为主体是政府部门,它具有明显的强制性,是行政性的安全生产监督管理,它的任务、职责、内容不同于建设工程安全监理。

3.1.2 各参建单位安全责任

1. 建设单位的安全责任

建设单位在工程建设中居主导地位,对建设工程的安全生产负有重要责任。建设单位应在工程概算中确定并提供安全作业环境和安全施工措施费用;不得要求勘察、设计、施工、监理等单位违反国家法律法规和工程建设强制性标准规定,不得任意压缩合同约定的工期;有义务向施工单位提供工程所需的有关资料;有责任将安全施工措施报送有关主管部门备案;应当将拆除工程发包给有建筑业企业资质的施工单位等。

2. 工程监理单位的安全责任

工程监理单位是建设工程安全生产的重要保障。工程监理单位应审查施工组织设计中的安全技术措施或专项施工方案是否符合工程建设强制性标准,发现存在安全事故隐患时,应当要求施工单位整改或暂停施工并报告建设单位。施工单位拒不整改或者拒不停止施工的,应当及时向有关主管部门报告。监理单位应当按照法律、法规和工程建设强制性标准实施监理,并对建设工程安全生产承担监理责任。

3. 勘察、设计单位的安全责任

勘察单位应当按照法律、法规和工程建设强制性标准进行勘察,提供的勘察文件应当真实、准确、满足建设工程安全生产的需要。在勘察作业时,应当严格执行操作规程,采取措施保证各类管线、设施和周边建筑物、构筑物的安全。

设计单位应当按照法律、法规和工程建设强制性标准进行设计,应当考虑施工安全操作和防护的需要,对涉及施工安全的重点部位和环节在设计文件中注明,并对防范生产安全事故提出指导意见。对采用新结构、新材料、新工艺的建设工程和特殊结构的建设工程,设计单位应当在设计中提出保障施工作业人员安全和预防生产安全事故的措施建议,同时,设计单位和注册建筑师等注册执业人员应当对其设计负责。

4. 施工单位的安全责任

施工单位在建设工程安全生产中处于核心地位,施工单位必须建立本企业安全生产管理机构和配备专职安全管理人员,应当在施工前向作业班组和人员作出安全施工技术要求的详细说明,应当对因施工可能造成损害的毗邻建筑物、构筑物和地下管线采取专项防护措施,应当向作业人员提供安全防护用具和安全防护服装并书面告知危险岗位操作规程。施工单位应对施工现场安全警示标志使用、作业和生活环境等进行管理,应在施工起重机械和整体提升脚手架、模板等自升式架设设施验收合格后进行登记。施工单位应落实安全生产作业环境及安全施工措施所需费用,应对安全防护用具、机械设备、施工机具及配件在进入施工现场前进行查验,合格后方能投入使用。严禁使用国家明令淘汰禁止使用的危及施工安全的工艺、设备、材料。

(1)建筑施工企业应建立健全安全生产管理体系,明确各类岗位人员的安全生产责任。企业安全生产管理目标和各岗位安全生产责任制度应装订成册,其中项目部管理人员的安全生产责任制度应挂墙。

(2)建筑施工企业和企业内部职能部门、施工企业和项目部、总承包和分包单位、项目部和班组之间均应签订安全生产目标责任书。安全生产目标责任书中必须有明确的安全生产指标、有针对性的安全保证措施、双方责任及奖惩办法。

(3)建筑施工企业、项目部、班组应根据安全生产目标责任书,实行安全生产目标管理,建立安全生产责任考核制度。按照安全生产责任分工,对责任目标和责任人实行考核与奖惩,考核必须有书面记录。企业对项目部考核每半年不少于一次,项目部对班组考核每月不少于一次。

(4)建筑工程项目专职安全生产管理人员应实行企业委派制度。施工现场工程项目部的专职安全生产管理人员配备应满足下列要求:房屋建筑工程 1 万 m^2 以下的工程不少于1人;1 万~5 万 m^2 的工程不少于 2 人;5 万~10 万 m^2 的工程不少于 3 人;10 万 m^2 及以上的工程不少于 4 人,每增加 10 万 m^2 增加配备 1 人;专职安全生产管理人员 3 人及以上的,应按专业设置,并组成安全管理组。市政基础设施工程 5 000 万元以下的工程不少于1人;5 000 万~1 亿元的工程不少于 2 人;1 亿元及以上的工程不少于 3 人,且按专业配备专职安全生产管理人员。

(5)施工现场应配备建筑施工安全生产法律、法规、安全技术标准和规范等,工程项目部各工种安全技术操作规程应齐全,主要工种的施工操作岗位,必须张挂相应的安全技术操作规程。

（6）建筑施工企业对列入建筑施工预算的文明施工与环境保护、临时设施及安全施工等措施项目的费用，应当用于施工安全防护用具及设施的采购和更新、安全施工措施的落实、安全生产条件的改善及文明施工，建立费用使用台账，不得挪作他用。

5. 其他参与单位的安全责任

（1）提供机械设备和配件的单位的安全责任。提供机械设备和配件的单位应当按照安全施工的要求配备齐全有效的保险、限位等安全设施和装置。

（2）出租单位的安全责任。出租机械设备和施工机具及配件的单位应当具有生产（制造）许可证、产品合格证；应当对出租的机械设备和施工机具及配件的安全性能进行检测，在签订租赁协议时，应当出具检测合格证明；禁止出租检测不合格的机械设备和施工机具及配件。

（3）拆装单位的安全责任。拆装单位在施工现场安装、拆卸施工起重机械和整体提升脚手架、模板等自升式架设设施必须具有相应等级的资质。安装、拆卸施工起重机械和整体提升脚手架、模板等自升式架设设施，应当编制拆装方案，制定安全施工措施，并由专业技术人员现场监督。

施工起重机械和整体提升脚手架、模板等自升式架设设施安装完毕后，安装单位应当自检，出具自检合格证明，并向施工单位进行安全使用说明，办理签字验收手续。

（4）检验检测单位的安全责任。检验检测机构对检测合格的施工起重机械和整体提升脚手架、模板等自升式架设设施，应当出具安全合格证明文件，并对检测结果负责。

3.1.3　施工阶段安全监理概述

1. 施工阶段安全监理的系统过程

施工阶段的安全监理是一个由对投入的资源和条件的安全监督管理，进而对施工生产全过程及各环节安全生产进行系统监督管理的过程。按建设工程形成过程的时间阶段划分，建设工程施工安全监理可以分为以下两个环节。

1）施工准备阶段安全监理

施工准备阶段安全监理是指在各工程对象正式施工活动开始前，对各项准备工作及影响施工安全生产的各因素进行监督管理，这是确保建设工程施工安全的先决条件。

2）施工过程安全监理

施工过程安全监理是指在施工过程中对实际投入的生产要素及作业，管理活动的实施状态和结果所进行的监督管理，包括作业者发挥技术能力过程的自控行为和来自有关管理者的监控行为。

2. 施工阶段安全监理的依据

1）国家和地方有关建设工程安全生产、劳动保护、环保、消防等的法律法规性文件

（1）《中华人民共和国建筑法》。

（2）《中华人民共和国安全生产法》。

（3）《中华人民共和国劳动保护法》。

（4）《中华人民共和国环境保护法》。

（5）《中华人民共和国消防法》。

（6）《建设工程安全生产管理条例》。

（7）《安全生产许可证条例》。

（8）《建筑安全生产监督管理规定》。

（9）《建设工程施工现场管理规定》。

（10）《建筑施工企业安全生产许可证管理规定》。

以上列举的是国家及建设主管部门所颁发的有关建设工程安全生产、劳动保护、环保、消防等管理方面的法规性文件。同时，其他各行业如交通运输、水利等的政府主管部门和省、市自治区的有关主管部门，也均根据本行业及地方的特点，制定和颁布了有关的法规性文件。这些文件都是建设行业安全生产管理方面所应遵循的基本法规文件。

此外，还应遵守国际劳工组织等的规定，如《建筑业安全卫生公约》。

2）有关建设工程安全生产的专门技术法规性文件

这类专门技术法规性文件一般是针对不同行业、不同施工对象制定的建设工程安全生产的专门技术法规性文件，包括各种有关的标准、规范、规程或规定。

技术标准有国际标准、国家标准、行业标准、地方标准和企业标准之分。它们是建立和维护正常的生产与工作秩序应遵守的准则，也是衡量材料、施工机械、设备和防护用具等安全、质量的尺度。对外承包工程和外资、外贷工程，可能还会涉及国际标准和国外标准或规范，当需要采用这些标准或规范进行安全监理时，还需要熟悉它们。技术规程或规范，一般是执行技术标准，保证施工安全、有序地进行，而为有关人员制定的行动准则，通常也与施工安全密切相关，均应严格遵守。各种有关安全生产方面的规定，一般是由政府有关主管部门根据需要而发布的带有方针目标性的文件，它对于保证标准和规程、规范的实施及改善实际存在的安全问题，具有指令性及及时性的特点。有关工程施工机械设备、安全防护设施等安全要求的专门技术法规性文件。

概括来说，属于这类专门的技术法规性的依据主要有以下几类。

（1）建设工程施工安全检查标准。这类标准主要是由国家或部委统一制定的，用以作为检查和验收建设工程施工安全生产水平所依据的技术法规性文件。例如《建筑施工安全检查标准》。

（2）控制施工作业活动安全的技术规程。例如《建筑机械使用安全技术规程》《施工现场临时用电安全技术规范》《建筑施工高处作业安全技术规范》等，它们是为了保证施工作业活动安全在作业过程中应遵照执行的技术规程。

（3）凡采用新工艺、新技术、新材料的工程，应事先进行试验，并应有权威性技术部门的技术鉴定书及有关安全、质量数据、指标，在此基础上制定有关安全标准和施工工艺规程，以此作为判断与控制安全的依据。

3）建设工程合同文件

建设工程合同文件包括建设工程施工承包合同、勘察设计合同、材料设备供应合同、监理合同等文件，规定了工程建设参与各方责任主体的权利和义务，有关各方必须履行在合同中的承诺。监理工程师要熟悉这些条款，据以进行安全监理。

4）设计文件

经过批准的施工图纸和技术说明书等设计文件是建设工程安全监理的重要依据。在工程施工前，监理工程师通过参加由建设单位组织设计单位、施工单位等参加的设计交底及图纸会审，以达到了解设计意图、施工安全要求，及时发现图纸差错，从而防止和减少建设工程施工中安全隐患、安全事故的发生。

3. 施工阶段安全监理的工作程序

在施工阶段全过程中,监理工程师要进行全过程、全方位的监督、检查与控制,涉及施工过程的各环节的监督、检查与核查。

在每一项建设工程开始施工前,施工承包单位需做好施工准备工作,然后填报《工程开工/复工报审表》,附上该工程的开工报告、施工方案及安全技术措施、施工进度计划、人员及机械设备配置、材料准备情况等,报送监理工程师审查。若审查合格,则由总监理工程师批复准予施工。否则,施工承包单位应进一步做好施工准备,待条件具备时,再次填报开工申请。

在施工过程中,监理工程师应监督施工承包单位加强内部安全管理,严格安全控制。施工作业过程均应按规定工艺和技术要求进行。在每道工序或作业活动完成后,施工承包单位应进行自检。安全设施搭设、施工机械安装完成后,施工承包单位必须进行自检,验收合格后,需经行业检测机构检测的还须报行业检测机构进行检测。

3.1.4 施工准备阶段的安全监理

施工准备阶段的安全监理是指在正式施工前进行的安全预控,其控制重点是做好施工准备工作,且施工准备工作要贯穿于施工全过程中。

1. 安全监理的前期准备工作

1)组建项目监理机构

(1)项目监理机构总监理工程师由公司法定代表人任命并书面授权。总监理工程师的任职应考虑资格、政策、业务、技术的水平、综合组织协调的能力。总监理工程师代表可根据工程项目需要配置,由总监理工程师提名,经公司法定代表人批准后任命。总监理工程师应以书面的授权委托书明确委托总监理工程师代表办理的监理工作。

(2)项目监理机构由总监理工程师、总监理工程师代表(必要时)、专业监理工程师、监理员及其他辅助人员组成。项目监理机构的规模应根据建设工程委托监理合同规定的服务内容、工程的规模、结构类型、技术复杂程度、建设工期、工程环境等因素确定。项目监理机构组成人员一般不应少于3人,并应满足安全监理各专业的需要。

(3)项目监理机构人员组成及职责、分工应于委托监理合同签订后在约定时间内书面通知建设单位。

(4)总监理工程师在项目监理过程中应保持稳定,必须调整时,应征得建设单位同意;项目监理机构人员也应保持稳定,但可根据工程进展的需要进行调整,并书面通知建设单位和施工承包单位。

(5)项目监理机构内部的职务分工应明确职责可由项目监理机构成员兼任。

(6)所有从事现场安全监理工作的人员均应通过正式安全监理培训并持证上岗。

2)安全监理工作准备会

项目监理机构建立后应及时召开安全监理工作准备会。会议由工程监理单位分管负责人主持,宣读总监理工程师授权书,介绍工程的概况和建设单位对安全监理工作的要求,由总监理工程师组成监理人员学习监理人员岗位责任制和监理工作人员守则,明确项目监理机构各监理人员的职务分工及岗位职责。

3）监理设施与设备的准备

按《建设工程监理规范》的规定，建设单位应提供委托监理合同约定的满足监理工作需要的办公、交通、通信生活设施，项目监理机构应妥善保管与使用，并在项目监理工作完成后归还建设单位，项目监理机构也可根据委托监理合同的约定，配备满足工作需要的上述设施。项目监理部应配备满足监理工作需要的常规建设工程安全检查测试工具，总监理工程师应指定专人予以管理。

4）熟悉施工图纸和设计说明文件

施工图纸和设计说明文件是实施建设工程安全监理工作的重要依据之一。总监理工程师应及时组织各专业监理工程师熟悉施工图纸和设计说明文件，预先了解工程特点及安全要求，及早发现和解决图纸中的矛盾与缺陷，并做好记录，将施工图纸中所发现的问题以书面形式汇总，报建设单位提交给设计单位，必要时应提出合理的建议，并与有关各方协商研究，统一意见。

5）熟悉和分析监理合同及其他建设工程合同

为发挥合同管理的作用，有效地进行建设工程安全监理，总监理工程师应组织监理人员在工程建设施工前对建设工程合同文件，包括施工合同、监理合同、勘察设计合同、材料设备供应合同等进行全面地熟悉、分析。合同管理是项目监理机构的一项核心工作，总监理工程师应指定专人负责本工程项目的合同管理工作。

总监理工程师应组织项目监理机构人员对监理合同进行分析，应了解和熟悉的主要内容：监理工作的范围；监理工作的期限；双方的权利、义务和责任；违约的处理条款；监理酬金的支付办法；其他有关事项。

总监理工程师应组织项目监理机构人员对施工合同进行分析，应了解和熟悉的主要内容：承包方式与合同总价；适用的建设工程施工安全标准规范；与项目监理工作有关的条款；安全风险与责任分析；违约的处理条款；其他有关事项。

项目监理机构应根据对建设工程合同的分析结果，提出相应的对策，制定在整个监理过程中对有关部门合同的管理、检查、反馈制度，并在建设工程安全监理规划中作出具体规定。

6）编制安全监理规划及安全监理实施细则

建设工程安全监理规划是指导项目监理机构开展安全监理工作的指导性文件，直接指导项目监理机构的监理业务工作。

安全监理规划的编制应由项目总监理工程师负责组织项目监理机构人员在监理合同签订及收到施工合同、设计文件后，在约定的时间内（一般应在 14d 内）编制完成，并经工程监理单位技术负责人审核批准后，在第一次工地会议前报送建设单位及有关部门。

对中型及以上或危险性大、技术复杂、专业性较强的工程项目，总监理工程师应组织专业监理工程师编制安全监理实施细则。

安全监理规划和安全监理实施细则的编制应满足《建设工程监理规范》中监理规划、监理实施细则的要求。

7）制定安全监理程序

监理工程师在对建设工程施工安全进行严格控制时，要严格按照工程施工工艺流程、作业活动程序等制定一套相应的科学的安全监理程序，对不同结构的施工工序、作业活动等制定出相应的检查、验收、核查方法。

8）调查可能导致意外安全事故的其他原因

在施工开始之前，监理工程师应了解现场的环境、障碍等不利因素，以便掌握不利因素的有关资料，及早提出防范措施。不利因素包括图纸未表示出的地下结构、地下管线及施工现场毗邻区域的建筑物、构造物、地下管线等，以及建设单位需解决的用地范围内地表以上的电信、电杆、房屋及其他影响安全施工的构筑物等。

9）掌握新技术、新材料、新工艺的工艺和标准

施工中采用的新技术、新材料、新工艺应有相应的技术标准和使用规范。监理人员根据工作需要与可能，对新材料、新技术的应用进行必要的走访与调查，以防止施工中发生安全事故，并作出相应对策。

2. 施工承包单位资格的核查

施工承包单位资格的核查主要包括施工承包单位的建筑业企业资质、安全生产许可证、营业执照、企业业绩、企业内部管理等。

1）施工承包单位的资质

为了加强对建筑活动的监督管理，维护建筑市场秩序，保证工程质量安全，保障施工承包单位的合法权益，原建设部在 2001 年 4 月发布了《建筑业企业资质管理规定》（原建设部令第 87 号），制定了建筑业企业资质等级标准。承包单位必须在规定的范围内进行经营活动，且不得超出范围经营。建设行政主管部门对承包单位的资质实行动态管理。

建筑业企业资质分为施工总承包、专业承包和劳务分包 3 个序列。这 3 个序列按照工程性质和技术特点分别划分为若干资质类别，各资质类别按照规定的条件划分为若干等级。

（1）施工总承包企业。获得施工总承包资质的企业，可以对工程实行总承包或者对非主体工程实行施工总承包。施工总承包企业可以对所承接的工程全部自行施工，也可以依法将非主体工程或者劳务作业分包给具有相应专业承包资质或者劳务分包资质的其他建筑业企业。

（2）专业承包企业。获得专业承包资质的企业，可以承接施工总承包企业分包的专业工程或者建设单位按照规定发包的专业工程。专业承包工程可以对所承接的工程全部自行施工，也可以将劳务作业依法分包给具有相应劳务分包资质的劳务分包企业。

（3）劳务分包企业。获得劳务分包资质的企业，可以承接施工总承包企业或者专业承包企业分包的劳务作业。

2）施工承包单位的安全生产许可证

2004 年 1 月 13 日，国务院颁布实施《安全生产许可证条例》，2004 年 7 月 5 日，原建设部公布施行《建筑施工企业安全生产许可证管理规定》（原建设部令第 128 号）（以下简称《管理规定》），国家对建筑施工企业实行安全生产许可制度，建筑施工企业未取得安全生产许可证的，不得从事建筑施工活动。国务院建设主管部门负责中央管理的建筑施工企业安全生产许可证的颁发和管理，省、自治区、直辖市人民政府建设主管部门负责本行政区域内上述规定以外的建筑施工企业安全生产许可证的颁发和管理，并接受国务院建设行政主管部门的指导和监督。

安全生产许可证的有效期为 3 年，有效期满需要延期的，施工企业应当于期满前 3 个月向原发证机关办理延期手续。施工企业在安全生产许可证有效期内，严格遵守有关安全生

产的法律法规,未发生死亡事故的,安全生产许可证有效期届满时,经原发证机关同意,不再审查,安全生产许可证有效期可延期 3 年。

根据《管理规定》,依法从事建筑活动的建筑施工企业应自《安全生产许可证条例》施行之日起(2004 年 1 月 13 日)1 年内向建设主管部门申请办理建筑施工企业安全生产许可证;对逾期不办理安全生产许可证或经审查不符合本规定的安全生产条件,未取得安全生产许可证的,继续进行建筑施工活动的,按《管理规定》相关规定进行处罚,即责令其在建项目停止施工,没收违法所得,并处 10 万元以上 50 万元以下的罚款;造成重大事故或其他严重后果的,构成犯罪的,依法追究刑事责任。

建筑施工企业转让安全生产许可证的,没收违法所得,并处 10 万元以上 50 万元以下的罚款,并吊销其安全生产许可证;构成犯罪的,依法追究刑事责任。

对建筑施工企业接受转让、冒用或使用伪造的安全生产许可证,依照《管理规定》相关规定进行处罚,即责令其在建项目停止施工,没收违法所得,并处 10 万元以上 50 万元以下的罚款;造成重大事故或其他严重后果的,构成犯罪的,依法追究刑事责任。

3) 监理工程师对施工承包单位资格的审核

对中标进场施工承包单位的安全管理体系核查:施工承包单位建立有健全的安全管理体系,对取得良好的施工效果、保证施工安全具有重要作用,因此,监理工程师做好施工承包单位的安全管理体系的核查,是做好安全监理工作的重要环节,也是取得建设工程施工安全的重要条件。

施工承包单位应向监理工程师报送安全管理体系有关资料,包括组织机构、各项安全生产制度、安全管理制度、安全管理人员、特种作业人员资格证及上岗证等。

经监理工程师对报送的相关资料进行审核,必要时实地检查,对满足建设工程安全生产的安全管理体系,总监理工程师应予以确认;对于不合格的人员,总监理工程师有权要求施工承包单位予以撤换;对不健全不完善的,总监理工程师应要求施工承包单位尽快健全完善。

3. 施工组织设计(安全计划)的审查

1) 施工组织设计(专项施工方案)的审查程序

(1) 在工程项目开工前,施工承包单位必须完成施工组织设计的编制及内部自审批准工作,填写《施工组织设计(方案)报审表》报送项目监理机构。

(2) 总监理工程师在规定的时间内,组织专业监理工程师审查,提出意见后,由总监理工程师审核签认。需要施工承包单位修改时,由总监理工程师签发书面意见,退回施工承包单位修改后再报审,总监理工程师重新审查。

(3) 已审定的施工组织设计由项目监理机构报送建设单位。

(4) 施工承包单位应按审定的施工组织设计文件组织施工,不准随意变更修改,如需对其内容做较大的变更,应在实施前,按原审核、审批的程序办理。

(5) 危险性较大的分部分项工程,按《建设工程安全生产管理条例》和住建部有关《危险性较大的分部分项工程管理规定》(住建部令 37 号)和相关配套文件(建办质〔2018〕31 号)的规定,基坑支护与降水工程、土方开挖工程、模板工程、起重吊装工程、脚手架工程、拆除与爆破工程及国务院建设行政主管部门或其他有关部门规定的其他危险性较大的工程,如物料提升机及垂直运输设备的拆装等,施工单位应单独编制专项施工方案,并附安全验算结果。其中涉及深基坑、地下暗挖工程、高大模板工程的专项施工方案,施工单位还应组织专家进行论证、审查。

(6)规模大,群体工程,分期出图的工程,经建设单位批准可分阶段报项目监理机构审查施工组织设计。

2)审查施工组织设计(专项施工方案)时应掌握的原则

(1)施工组织设计(专项施工方案)的编制、审核和审批应符合规定的程序。

(2)施工组织设计(专项施工方案)应符合国家的技术政策,充分考虑施工承包合同规定的条件,施工现场条件及法规条件的要求,突出"安全第一,预防为主"的原则。

(3)施工组织设计(专项施工方案)的针对性:充分掌握本工程的特点及难点,施工条件的分析等。

(4)施工组织设计(专项施工方案)的可操作性:是否可行并保证施工安全,实现安全目标。

(5)安全技术方案的先进性:施工组织设计采用的安全技术方案、安全技术措施是否先进适用,安全技术是否成熟。

(6)安全管理体系、安全保证措施是否健全且切实可行。

(7)劳动保护、环保、消防和文明施工措施是否切实可行并符合有关规定。

3)施工组织设计(专项施工方案)审查的注意事项

(1)专项施工方案的内容应符合规定。专项施工方案应力求细致、全面、具体,并根据需要进行必要的设计计算,对所引用的计算方法和数据,必须注明其来源和依据,对所选用的力学模型,必须与实际构造或实际情况相符。为了便于方案的实施,方案中除应有详尽的文字说明外,还应有必要的构造详图,图示应清晰明了,标注齐全。

(2)施工组织设计中施工方案与施工平面图布置应协调一致。施工平面图的静态布置内容,如临时供水、供电、供气、供热、施工道路临时办公用房、物资仓库等,以及动态布置内容,如施工材料、模板、工具器具、应做到布置有序,有利于各阶段施工方案的实施。

(3)施工组织设计中施工方案与施工进度计划应一致。施工进度计划的编制应以确定的施工方案为依据,正确体现施工的总体部署、流向顺序及工艺关系等。

4)专项施工方案审查要点

(1)土方工程:①施工现场地下管线、地下工程等防护措施;②施工现场毗邻建筑物、构筑物、地下管线等防护措施;③场区的排水、防洪措施;④土方开挖顺序和方法;⑤基坑支护设计区施工详图、计算书;⑥基坑四局的安全防护;⑦基坑边荷载限定;⑧基坑支护变形监测方案;⑨基坑设计与施工方案的审批等。

(2)脚手架:①脚手架设计计算书;②脚手架设计方案;③脚手架验收方案;④脚手架使用安全措施;⑤脚手架拆除方案;⑥脚手架施工方案的审批等。

(3)模板施工:①模板支撑设计计算书的荷载取值、计算方法;②模板设计的支撑系统及支撑模板的楼、地面强度要求;③模板设计图中细部构造的大样图、材料规格、尺寸、连接件等;④模板设计中的安全措施;⑤模板施工方案的审批。

(4)塔式起重机:①塔机的基础方案中对地基与基础要求;②塔机安装拆除的安全措施;③塔机使用中的检查、维修管理;④塔机驾驶员的从业资格;⑤塔机使用班前检查制度;⑥起重机的安全使用制度;⑦塔机施工方案的审批等。

（5）临时用电：①负荷计算；②电源的进线、总配电箱的装设位置和线路走向；③导线截面和电气设备的类型规格；④电气平面图、接线系统图；⑤是否采用 TN-S 接零保护系统；⑥是否实行"一机一闸一漏一箱"；⑦是否"三级配电三级保护"；⑧照明用电措施；⑨临时用电方案的审批等。

4．危险源的控制

（1）监理单位应检查并督促施工承包单位进行危险源识别、评价、控制等，并建立档案。危险源是指可能导致死亡、伤害、职业病、财产损失、工作环境破坏或上述情况的组合所形成的根源或状态。

施工承包单位应根据本企业的施工特点，依据建设工程项目的类别、特征、规模及自身管理水平等情况，识别出危险源，列出清单，并对危险源进行一一评价，将其中导致事故发生的可能性较大且事故发生会造成严重后果的危险源定义为重大危险源，同时，施工承包单位应建立管理档案，其内容包括危险源识别评价结果和清单。针对重大危险源可能出现伤害的范围、性质和时效性，施工承包单位应制定消除或控制的措施，且纳入安全管理制度、安全教育培训、安全操作规程或安全技术措施中。

承包工程的工程变更或施工条件等内外条件发生变化，都会引起重大危险源的改变，因此，施工承包单位应对重大危险源的识别及时更新。监理工程师应检查、督促施工承包单位对重大危险源的及时更新。

（2）检查并督促施工承包单位对重大危险源制定应急救援预案。监理工程师应检查并督促施工承包单位对可能出现高处坠落、物体打击、坍塌、触电、中毒以及其他群体伤害事故的重大危险源制定应急救援预案，应急救援预案包括有针对性的安全技术措施、监控措施、检测方法，应急人员的组织，应急材料、器具、设备的配备等。

5．安全管理制度的控制

1）安全目标管理制度

监理工程师应检查并督促施工单位建立健全安全目标管理制度。施工单位要制定总的安全目标（如伤亡事故控制目标、安全达标、文明施工目标），以便于制订年、月达标计划，进行目标分解到人，责任落实，考核到人。

2）安全生产责任制度

监理工程师应检查并督促施工单位建立健全安全生产责任制度。安全生产责任制度作为保障安全生产的重要组织手段，施工单位应明确规定各级领导、各职能部门和各类人员在施工生产活动中应负的安全职责，把"管生产必须管安全"的原则从制度上固定下来。通过建立安全生产责任制度，有利于强化各级安全生产责任，增强各级管理人员和作业人员的安全生产责任意识，使安全管理纵向到底、横向到边，做到责任明确、协调配合，共同努力去实现建设工程安全生产。

3）安全生产资金保障制度

监理工程师应检查并督促施工单位建立健全安全生产资金保障制度，安全生产资金是指建设单位在编制建设工程概算时，为保障安全施工确定的资金，建设单位根据工程项目的特点和实际需要，在工程概算中要确定安全生产资金，并全部、及时地将这笔资金划签发给施工单位。安全生产资金保障制度是指施工单位对安全生产资金必须用于施工安全防护用具及设施的采购和更新，安全施工措施的落实，安全生产条件的改善等。

安全生产资金保障制度有利于改善劳动条件、防止工伤事故、消除职业病和职业中毒等危害,保障从业人员生命安全和身体健康,确保正常安全生产措施的需要,也是促进施工生产发展的一项重要措施。

4) 安全教育培训制度

监理工程师应检查并督促施工单位建立健全安全教育培训制度。安全教育培训制度是安全管理的重要环节,是提高从业人员安全素质的有效途径和基础性工作。按规定,施工单位从业人员必须定期接受安全培训教育,坚持先培训、后上岗的原则。实行总分包的工程项目,总承包单位负责统一管理分包单位从业人员的安全教育培训工作,分包单位要服从总承包单位的统一领导。

安全教育培训有利于提高施工单位各层次从业人员搞好安全生产的责任感和自觉性,增强人员的安全意识,提高人员的安全素质;掌握安全生产科学知识,提高安全管理业务水平和安全操作技术水平,增强安全防护能力,减少伤亡事故的发生。

5) 安全检查制度

监理工程师应检查并督促施工单位建立健全安全检查制度,施工单位必须建立完善的安全检查制度。安全检查是指施工单位对贯彻国家安全生产法律法规的情况、安全生产情况、劳动条件、事故隐患等所进行的检查,其作用是发现并消除施工过程中存在的不安全因素,宣传、贯彻、落实安全生产法律法规与规章制度,纠正违章指挥和违章作业,提高各级负责人与从业人员安全生产自觉性与责任感,掌握安全生产状态和寻找改进需求的重要手段。

施工单位进行安全检查应配备必要的设备或器具,确定检查负责人和检查人员,并明确检查内容及要求。安全检查人员应对检查结果进行分析,找出安全隐患部位,分析原因并制定相应整改防范措施。施工单位项目经理部应编写安全检查报告。

6) 生产安全事故报告制度

监理工程师应检查并督促施工单位建立健全生产安全事故报告制度。施工单位必须建立健全生产安全事故报告制度,防止事故扩大,减少伤害和损失,吸取教训,制定措施防止同类事故的再次发生。

7) 安全生产管理机构和安全生产管理人员

监理工程师应检查并督促施工单位建立健全安全生产管理机构和专职安全生产管理人员。施工单位安全生产管理机构和安全生产管理人员是指协助施工单位各级负责人执行安全生产法律法规和方针、政策,实现安全管理目标的具体工作部门和人员。《建设工程安全生产管理条例》规定:"施工单位应设立各级安全生产管理机构,配备专职安全生产管理人员。"施工单位应设立各级安全生产管理机构,配备与其经营规模相适应的、具有相关技术职称的专职安全生产管理人员。专、兼职安全生产管理人员数量应符合国务院或各级地方人民政府建设行政主管部门的规定。

8) 安全管理三类人员考核任职制度和特种人员持证上岗制度

监理工程师应检查并督促施工单位建立健全安全管理三类人员考核任职制度和特种人员持证上岗制度。施工单位安全管理三类人员是指施工单位的主要负责人、项目负责人和专职安全生产管理人员。

9）安全技术管理制度

监理工程师应检查并督促施工单位建立健全安全技术管理制度。施工单位安全技术管理的主要内容是危险源控制、施工组织设计（方案）、专项安全技术方案、安全技术交底、安全技术标准规范和操作规程、安全设备和工艺的选用等。

10）设备安全管理制度

监理工程师应检查并督促施工单位建立健全设备安全管理制度。施工单位应当根据国家、地方建设行政主管部门有关机械设备管理规定，建立健全设备安全管理制度。设备安全管理制度应包括设备及应急救援设备的安装拆卸、设备验收、设备检测、设备使用、设备保养和维修、设备改造和报废等各项设备安全管理制度，设备安全管理制度中还应明确相应管理要求、职责权限、工作程序、监督检查、考核方法等内容的具体规定和要求，并组织实施。

11）安全设施和防护管理制度

监理工程师应检查并督促施工单位建立健全安全设施和防护管理制度。根据《建设工程安全生产管理条例》规定，"施工单位应当在施工现场危险部位，设置明显的安全警示标志"，施工单位应建立施工现场正确使用安全警示标志和安全色的相应规定，在规定中应明确使用部位、内容的相应管理要求、职责权限、监督检查、考核方法等内容的具体规定和要求，并组织实施。安全警示标志包括安全色和安全标志，进入工地的人员通过安全色和安全标志能提高对安全保护的警觉，以防发生事故。

12）特种设备管理制度

监理工程师应检查并督促施工单位建立健全特种设备管理制度。检查是否建立特种设备管理制度和落实专人进行管理；是否建立特种设备的使用管理。

13）消防安全责任制度

监理工程师应检查并督促施工单位建立健全消防安全责任制度。检查是否建立消防安全责任制度，并确定消防安全责任人；是否建立了各项消防安全管理制度和操作规程；是否设置消防通道、消防水源，配备消防设施和灭火器材；施工现场入口处是否设置了明显标志。

3.1.5　施工过程的安全监理

施工过程体现在一系列的现场施工作业和管理活动中，作业和管理活动的效果将直接影响到施工过程的施工安全。因此，监理工程师对施工过程的安全监理工作应体现在对作业和管理活动的控制上。

为确保建设工程施工安全，监理工程师要对施工过程进行全过程、全方位的控制，对整个施工过程要按事前、事中及事后进行控制，针对一个具体的作业和管理，监理工程师也要按事前、事中及事后进行控制。监理工程师对施工过程的安全监理主要围绕影响工程施工安全的因素进行。

1. 作业活动准备状态的控制

（1）审查施工现场劳动组织和作业人员的资格。

（2）检查施工单位对从业人员施工安全教育培训。

（3）作业安全技术交底的控制。施工单位做好安全技术交底，是取得施工安全的重要条件之一。安全技术交底是施工单位指导作业人员安全施工的技术措施，是建设工程安全技术方案或措施的具体落实。安全技术交底由施工单位负责项目管理的技术人员根据分部分项工程的具体要求、特点和危险因素编写，是作业人员的指令性文件，因而，要具体、明确、针对性强并进行分级交底。

监理工程师检查监督施工单位安全技术交底的重点内容如下：

① 是否按安全技术交底的规定实施和落实。单位工程开工前，施工单位项目技术负责人必须将工程概况、施工方法、施工工艺、施工程序、安全技术措施，向承担施工的责任工长、作业队长、班组长和相关人员进行交底。各分部分项工程、关键工序、专项施工方案实施前，施工单位项目技术负责人、专职安全生产管理人员应会同项目施工员将安全技术措施向参加施工的施工管理人员进行交底。

② 是否按安全技术交底的要求和内容实施和落实。

③ 是否按安全技术交底的手续规定实施和落实。所有安全技术交底除口头交底外，还必须有双方签字确认的书面交底记录。

④ 是否针对不同工种、不同施工对象，分阶段、分部位进行安全技术交底。

（4）对分包单位的监控。分包工程开始施工前，监理工程师要检查、督促施工总承包单位对分包商在施工过程中涉及的危险源应予以识别、评价和控制策划，并将与策划结果有关的文件和要求事先通知分包单位，以确保分包单位能遵守施工总承包单位的施工组织设计（或安全生产保证计划）的相关要求，如对分包单位自带的机械设备的安装、验收、使用、维护和操作人员持证上岗的要求，相关安全风险及控制要求。

2. 作业活动运行过程的控制

1）对重大危险源及与之相关的重点部位、过程和活动应组织专人进行重点监控

监理工程师要根据已识别的重大危险源，确定与之相关的需要进行重点监控的重点部位、过程和活动，如深基坑施工、地下暗挖施工、高大模板施工、起重机械安装和拆除、整体式提升脚手架升降、大型构件吊装等。

2）安全防护设施的搭设和拆除的监理，以及对其使用维护管理的控制

（1）脚手架搭设和拆除的监理。监理工程师要对施工单位脚手架搭设和拆除进行监管。施工单位应按脚手架施工方案的要求进行交底、搭设。普通脚手架搭设到一定高度时，按《建筑施工安全检查标准》的要求，分步、分阶段进行检查、验收，合格后做好记录，再报监理工程师核查验收，经核查合格后，施工单位方可投入使用。使用中，施工单位应落实专人负责检查、维护。

（2）洞口、临边、高处作业等安全防护设施搭设拆除的监控。监理工程师应对洞口、临边、高处作业所采取的安全防护设施，如对通道防护栅、电梯井防护、楼层周边和预留洞口防护设施、基坑临边防护设施、悬空或攀登作业防护设施的搭设、拆除进行监控。

（3）安全防护设施使用维护的控制。工程施工多数情况为露天作业，而且现场情况多变，又是多工种立体交叉作业，设备、设施在验收合格投入使用后，在施工过程中往往出现缺陷和问题，施工人员在作业中往往会发生违章现象，为了及时排除动态过程中人和物的不安全因素，防患于未然，监理工程师要对安全防护设施、设备在日常运行和使用过程中易发生事故的主要环节、部位进行动态检查，以保持设备、设施持续完好，并做好

检查记录。

3）施工现场危险部位安全警示标志的检查

监理工程师应对施工现场入口处起重设备、临时用电设施、脚手架、出入通道口、楼梯口、电梯井口、孔洞口、桥梁口、隧道口、基坑边沿、爆破物及危险气体和液体存放处等危险部位设置的安全警示标志进行检查，做好检查记录。

4）施工机具、施工设施使用、维护管理的控制

监理工程师应对施工机具、施工设施使用、维护、保养等进行检查，做好检查记录。施工机具在使用前，施工单位必须对安全保险、传动保护装置及使用性能进行检查验收，填写验收记录，合格后方可使用。使用中，施工单位应对施工机具、施工设施进行使用、维护、保养、调整等。

5）施工现场临时用电的控制

监理工程师应对施工现场临时用电进行检查，做好检查记录。监理工程师应按照《施工现场临时用电安全技术规范》的规定，对变配电装置、架空线路或电缆干线的敷设、分配电箱等用电设备进行检查。

6）起重机械、设备安装和拆除的监控，对其使用维护管理的控制

监理工程师应对塔吊、施工升降机、井架与龙门架等起重机械、设备的安装拆除进行监控。塔吊、施工升降机、井架与龙门架等起重机械、设备的安装拆除前，施工单位应按专项施工方案组织安全技术交底，安装拆除过程中，应采取防护措施，并进行现场过程控制，安装搭设完毕后，一般由施工单位按规定自行检查、验收并报主管部门备案。

7）个体劳动防护用品使用的控制

监理工程师应按危险源及有关劳动防护用品发放标准规定对现场管理人员和操作人员安全帽、安全带等劳动防护用品和安全防护服装进行检查、监督，并做好检查记录。严禁不符合劳动防护用品佩戴标准的人员进入作业场所。

8）安全物资的控制

监理工程师应对安全物资进场、使用、储存和防护进行检查。

9）安全检测工具性能、精度的控制

监理工程师应检查、督促施工单位配备好安全检测工具。施工单位应根据本工程项目施工特点，有效落实各施工场所配备完善相应的安全检测设备和工具。常用安全检测工具包括卷尺、经纬仪、水准仪、卡尺、塞尺、检查受力状态的传感器、力矩扳手、检查电器的接地电阻测试仪、绝缘电阻测试仪、电压电流表、漏电测试仪、测量噪声的声级机、测量风速的风速仪等。

在施工过程中，监理工程师应加强对施工单位的安全检测工具的计量检定管理的检查监督，对国家明令实施强制检定的安全检测工具，施工单位必须按要求落实进行检定，同时施工单位应加强对其他安全检测工具的检定校正管理工作。施工单位的安全检测工具应每年检定、校正一次，并有书面记录。

监理工程师应定期检查施工单位安全检测工具的性能、精度状况，确保其处于良好的状态之中，并做好检查记录。

10）施工现场消防安全的控制

按防火要求，监理工程师应对施工现场木工间、油漆仓库、氧气与乙炔瓶仓库、电工间等

重点防火部位、高层外脚手架上焊接等作业活动,氧气和乙炔瓶、化学溶剂等易燃易爆危险物资的储存、运输、标识、防护配置的灭火器等消防器材和设施进行检查,并做好检查记录。

在火灾易发部位作业或者储存、使用易燃易爆物品时,施工单位应当采取相应的防火防爆措施,并落实专人负责管理。对施工中动用明火,施工单位应根据防火等级建立并实施动火与明火作业分级审批制度,并定期对消防设施、器材等进行检查、维护,确保其完好、有效。

监理工程师还应对施工单位消防安全责任制度进行检查监督,督促施工单位落实消防安全管理。

11) 施工现场及毗邻区域地下管线、建(构)筑物等的专项防护的监控

监理工程师应对施工现场及毗邻区域内地下管线,如供水、排水、供电、供气、供热、通信、广播、电视等地下管线,以及相邻建(构)筑物、地下工程等采取的专项防护措施情况进行检查。在城市市区中,深基坑工程进行施工时,施工单位应确保施工现场及毗邻区域内地下管线、建(构)筑物等不受损坏,监理工程师在施工中应组织监理员进行重点监控。

12) 粉尘、废气、废水、固体废弃物、噪声等排放的控制

粉尘、废气、废水、固体废弃物、噪声等排放可能造成的职业危害和环境影响,监理工程师应定期检查、监督施工单位落实施工现场施工组织设计中关于劳动保护、环境保护和文明施工的各项措施,使其排放控制在允许的范围内,并做好检查记录。

13) 施工现场环境卫生安全的控制

监理工程师应对施工现场环境卫生安全进行定期检查、监督,做好检查记录。施工单位应按施工组织设计的施工平面布置方案将办公生活区与工作区分开设置,并保持安全距离。

监理工程师检查并督促施工单位做好工作区的施工前期围挡、场地、道路、排水设施准备,按规划堆放物料,有专人负责场地清理、道路维护保洁、水沟与沉淀池的疏通和清理、设置安全标志,开展安全宣传,督促施工作业人员做好班后清理工作以及对作业区域安全防护设施的检查维护。

监理工程师检查并督促施工单位必须按卫生标准要求在施工现场设置宿舍、食堂、厕所、浴室等,具备卫生、安全、健康、文明的有关条件,杜绝职工集体食物中毒等恶劣事故发生。

14) 大型起重机械设备拆装单位的监控

(1) 安装拆除过程的监控。按《建设工程安全生产管理条例》规定,设备安装单位在安装完毕后,应当进行自检,出具自检合格证明并向施工单位进行安全使用说明。施工总承包单位必须参与对施工起重机械设备安装或拆卸过程的监控和管理。监理工程师对安装拆除施工过程监控管理的重点应包括以下几方面。

① 专项施工方案及安全技术措施是否完整。

② 施工起重机械设备基础的隐蔽工程是否经验收。

③ 施工起重机械设备安装或拆卸的程序和过程控制是否按照方案进行,安全技术交底是否执行。

④ 施工起重机械设备安装或拆卸的专业施工单位监控人员是否到位。

⑤ 施工起重机械设备安装完毕后检查验收工作是否进行。

(2) 安装后检验、检测的监控。起重机械设备安装完毕后,除了安装单位的自查、自检以外,施工总承包单位应按照各级建设行政主管部门的要求,委托相应的检测机构对已安装的起重机械设备实施检测,经检测合格后,再报监理工程师核查,经核查合格后方可投入使用。

3. 安全验收的控制

安全设施搭设、施工机械安装完成后,施工单位必须进行自检,验收合格后,需经行业检测机构检测的还必须报检测机构进行检测,检测合格后,再向监理工程师申请核查,监理工程师必须严格遵照国家标准、规范、规程的规定,按照专项施工方案和安全技术措施的设计要求,严格把关,并办理书面签字手续,同意施工单位投入使用。

4. 施工过程安全监理的手段

1) 审核技术文件、报告和报表

对技术文件、报告和报表的审核,是监理工程师对建设工程施工安全进行全面监督检查和控制的重要手段,审核内容包括以下方面。

(1) 有关技术证明文件。

(2) 专项施工方案。

(3) 有关安全物资的检验报告。

(4) 反映工序施工安全的图表。

(5) 设计变更、修改图纸和技术核定书。

(6) 有关应用新工艺、新材料、新技术、新结构的技术鉴定书。

(7) 有关工序检查与验收资料。

(8) 有关安全设施、施工机械验收核查资料。

(9) 有关安全隐患、安全事故等安全问题的处理报告。

(10) 审核与签署现场有关安全技术签证、文件等。

2) 现场安全检查和监督

(1) 现场安全检查的内容。

① 施工中作业和管理活动的监督检查与控制。主要是监督、检查在作业和管理活动过程中,人员、施工机械设备、材料、施工方法、施工工艺、施工操作以及施工环境条件等是否均处于良好的状态,是否符合保证工程施工安全的要求,若发现有问题及时纠偏和加以控制。

② 对于重要的和对工程施工安全有重大影响的工序、工程部位、作业活动,监理工程师还应在现场进行施工过程中安排监理员进行旁站。

③ 安全记录资料的检查,确保各项安全管理制度的有效落实。

(2) 现场安全检查的类型及要求。

① 日常安全检查,如每日例行安全检查等。

② 定期安全检查,如每周例行安全检查,包括每周脚手架安全检查,每周施工用电安全检查,每周塔式起重机安全检查等,每月安全检查,每季度安全检查等。

③ 专业性安全检查,如基坑支护安全检查,临边与洞口安全检查,脚手架安全检查,模板安全检查,塔机安全检查,临时用电安全检查等。

（3）现场安全检查的方式。

① 旁站。在施工阶段，许多建设工程安全事故隐患是由于现场施工或操作不当或不符合标准、规范、规程所致，违章操作或违章指挥往往带来安全事故的发生。同时，由于安全事故的特殊性，一旦安全事故发生后，就会造成人员伤亡或直接经济损失。因此，通过监理人员的现场旁站监督和检查，及时发现存在的安全问题并得到控制，才能保证施工安全。确定旁站的工程部位或工艺或作业活动，应根据每个建设工程的特点、重大危险源部位、施工单位安全管理水平等决定。一般而言，深基础工程、地下暗挖工程、起重吊装工程、起重机械安装拆卸施工等高危作业应进行旁站监控。

② 巡视。巡视不限于某一部位及工艺过程，其检查范围为施工现场所有安全生产。

③ 平行检验。平行检验在安全技术复核及复验工作中采用较多，是监理人员对安全设施、施工机械等进行安全验收核查、作出独立判断的重要依据之一。

3）安全隐患的处理

监理工程师对安全隐患处理应符合下列规定。

（1）监理工程师应区别"通病""顽症"、首次出现、不可抗力等类型的安全隐患，要求施工单位修订和完善安全整改措施。

（2）监理工程师应对检查出的安全事故隐患立即发出安全隐患整改通知单。施工单位应对安全隐患原因进行分析，制定纠正和预防措施。安全事故整改措施经监理工程师确认后实施。

（3）监理工程师对检查出的违章指挥和违章作业行为应立即向责任人当场指出，立即纠正。

（4）监理工程师对安全事故整改措施的实施过程和实施效果应进行跟踪检查，保存验证记录。

4）安全专题会议

针对某些专门安全问题，监理工程师应组织专题会议，集中解决较重大或普遍存在的安全问题。

5）规定安全监理工作程序

规定双方必须遵守的安全监理工作程序，按规定的程序进行工作，这也是进行安全监理的必要手段。

6）安全生产奖惩制

执行安全生产协议书中安全生产奖惩制，确保施工过程中的安全，促使施工生产顺利进行。

3.2　文明施工和施工现场消防的监理

3.2.1　安全文明施工标志

监理单位应对下列安全文明施工标志内容进行检查。

（1）施工现场应有安全标志布置平面图，并有绘制人签名，经项目负责人审批。安全标志分为禁止、警告、指令、提示 4 类标志。

（2）安全标志应按标志布置平面图挂设，特别是主要施工部位、作业点和危险区域主要通道口均应挂设相关的安全标志。

（3）各种安全标志应符合国家《安全标志及其使用导则》的规定，制作美观、统一。

（4）安全标志应有项目部专职安全生产管理人员负责管理，作业条件变化或损坏时，应及时更换。各种安全标志设置后，未经项目负责人批准，不得擅自移动或拆除。

3.2.2 安全监控信息化

（1）工地应配置远程视频电子监控系统，监控镜头宜设置在大门出入口及塔吊上部，并在办公区设立视频监控室，即时录像，以实现全过程跟踪监控管理。

（2）有条件的项目可将视频系统接入互联网，接入企业信息化系统，实行远程查看项目部现场实时情况。

（3）项目部应连接企业信息化办公系统，通过办公系统，及时了解企业的各类文件、通知等信息，应用工程管理系统，通过月报的形式，及时填报各类功能模块的内容，以便于提高项目部管理水平和企业或主管部门的掌控能力。

3.2.3 封闭管理

（1）施工现场必须实行封闭管理，设置进出口大门，制定门卫制度，严格执行外来人员进场登记制度，门卫值班室应设在进出口大门的一侧，配备一定数量的安全帽。

（2）门墩柱上应有企业的"形象标志"，大门宜采用铁质材料，力求美观、大方，并能上锁，不得采用竹色片等易损、易破材料。大门应书写企业名称。主要出入口明显处应设置工程概况牌。

（3）大门尺寸应由施工企业根据企业内部的规定及现场实际情况而定。

（4）进入施工现场的所有人员必须佩戴工作卡。

（5）沿工地四周连续设置围挡，围挡材料要求坚固、稳定、统一、整洁、美观，应采用砌体、彩钢板等硬质材料，城区主要路段和其他涉及市容景观路段的工地设置围挡的高度不低于 2.5m，一般路段及市政工程工地的围挡高度不低于 1.8m，墙面必须美化，以达到整体统一、整洁、美观的要求。

（6）围墙基础可采用砖基础、混凝土基础和灰土基础，基底土层要夯实。不得使用黏土实心砖。

（7）砖砌墙体顶部采用压顶处理，以确保围墙坚固、稳定、实用，围墙压顶采用砖压顶或琉璃瓦压顶。

（8）围墙外侧面应采用涂料装饰或喷绘装饰，临近市区的项目宜有亮灯设置。

3.2.4 道路硬化

（1）施工现场场地道路通畅、平坦、整洁、无散落物。施工现场实行硬地坪施工，作业区、生活区主干道地面应采用150cm厚C15混凝土进行硬化,场内其他次道路地面视情况硬化处理。场内主要通道宽度应在4m以上,并应设置成循环道路,若受条件限制无法循环时,应有车辆回转场地。

(2)施工现场应有良好的排水措施,严防泥浆、污水、废水外流或堵塞下水道和排水管道。施工现场设置排水沟、沉淀池,施工污水、废水必须经二级沉淀符合排放条件后方可排放。

3.2.5　场地绿化

(1)施工现场适当地方设置茶水亭,可以把茶水亭与吸烟处合在一起,作业区内禁止吸烟。

(2)施工现场应积极美化施工现场环境,根据季节变化,适当进行绿化布置。

3.2.6　材料堆放

(1)建筑材料、构配件、料具必须按施工现场总平面图布置堆放,布置合理。

(2)建筑材料、构配件及其他料具等必须做到安全、整齐堆放,不得超高。堆放分门别类、悬挂标牌,标牌应统一制作,标明名称、品种、规格数量以及检验状态等。

(3)建立材料收发管理制度,仓库、工具间材料堆放整齐,易燃易爆物品分类堆放,配置专用灭火器,专人负责,确保安全。

(4)作业后应做到工完料尽、场地清,施工现场应做到可回收废物、不可回收废物、危险废物3种废物全封闭堆放,施工垃圾、生活垃圾应分类并及时清运。高层建筑设封闭式临时专用垃圾通道或容器吊运,严禁凌空抛掷。其他场所设置可移动的分类垃圾箱。

3.2.7　文明施工

视频:湖南版文明施工安全标准化仿真教学

1. 文明施工专项方案

(1)文明施工是施工现场的基本要求。施工现场的文明设施可反映施工企业安全管理水平和企业形象。在工程开工前后,施工现场应制订文明施工专项方案,明确文明施工管理措施。

(2)文明施工专项方案应对工地的现场围挡、封闭管理、施工现场、材料堆放、临时建筑、办公与生活用房、施工现场标牌、节能环保、防火防毒、保健急救、综合治理等作出规划,制定实施措施。具体要求可按《建筑施工安全检查标准》(JGJ 59—2011)、《建设施工现场环境与卫生标准》(JGJ 146—2013)、《浙江省建筑施工安全标准化管理规定》及《浙江省建筑施工现场安全质量标准化实用手册》编制。文明施工专项方案应与"绿色施工"相结合。

(3)文明施工专项方案的编制应满足工程项目安全生产文明施工目标。

(4)文明施工专项方案由项目负责人组织编制。经项目技术负责人审核、项目负责人批准并签字。

2. 临时设施专项施工方案

(1)建设工程开工前,项目部应对施工现场进行平面规划,明确临时设施的建造计划,绘制施工总平面图,编制临时设施专项施工方案。施工总平面图和临时设施专项施工方案应经建设单位或监理单位审核。

(2)临时房屋搭建若由专业单位承建的,承建单位应有相应的资质。承建单位应编制临时房屋搭拆方案,加盖公章并经总承包单位项目技术负责人、监理单位总监理工程师审核后实施。

(3)临时设施的平面布置应符合《建设工程施工现场消防安全技术规范》(GB 50720—2011)的规定,临时设施搭建使用的原材料应有产品合格证。搭建临时房屋应有设计图说明书,荷载较大的房间不宜设在二楼,房屋所附的电器线路应符合施工用电规范的要求。材料阻燃性能应符合消防要求。

(4)临时设施专项施工方案由项目技术负责人编制,项目负责人批准。监理单位应对方案进行审核。

3.文明施工验收表

(1)项目部应在基础、主体工程施工中及结顶后、装饰工程施工时分 4 个阶段进行文明施工综合检查验收;使用过程中完成的项目应及时进行验收。

(2)临时用房验收应对照文明施工专项方案,按现行规范、标准和规章及本表要求进行,对验收中未达到要求的部分应形成整改记录并落实人员整改。

(3)文明施工验收由项目负责人组织,项目技术负责人、安全员及有关管理人员参加。项目监理工程师应当参加并提出验收意见,详见表 3-1。

表 3-1 文明施工验收表

序号	验收项目	技 术 要 求	验收结果
1	专项方案	施工现场文明施工应单独编制专项方案,制定专项安全文明施工措施。经项目负责人批准后方可实施	
2	封闭管理	围墙应沿工地四周连续设置,要求坚固、稳定、整洁、美观,不得采用彩条布、竹笆等。市区围墙设置高度≥2.5m且应美化,其他工地高度≥1.8m;彩钢板围挡高度不宜超过 2.5m,立柱间距不宜大于3.6m,围挡应进行抗风计算;进出口应设置大门、门卫室,门头应有企业"形象标志",大门应采用硬质材料制作。能上锁且美观、大方。外来人员进出应登记,工作人员必须佩戴工作卡	
3	施工场地	施工现场主要道路、加工场地、生活区应混凝土硬化,平整、畅通、环通,裸露的场地和集中堆放的土方应采取覆盖、固化等措施。施工现场应设置吸烟处,建筑材料、构件、料具须按总平面布置图,分门别类堆放,并标明名称、品种、规格等,堆放整齐。有防止扬尘措施	
4	现场绿化	位于城市主要道路和重点地段的建筑工地,应当在城市道路红线与围墙之间、沿施工围墙及建筑工地合适区域临时绿化;现场出入口两侧,须进行绿化布置,种植乔木、灌木,设置花坛并布置草花;在建筑工地办公区、生活区的适当位置布置集中的绿地,绿地布置应以开敞式为主并设置花坛	
5	进出车辆	土方、渣土、松散材料和施工垃圾运输应采取密闭式运输车辆或采取覆盖措施;施工现场出入口处应采取保证车辆清洁的冲水设施(洗车池及压力水源),并设置排水系统,做到不积水、不堵塞、不外流	

续表

序号	验收项目	技 术 要 求	验收结果
6	临时用房	临时用房选址应科学合理,搭设应编制专项施工方案。现场作业区与生活区、办公区必须明显划分。宿舍内净高度≥2.5m,必须设置成可开启式窗户。宿舍内的床铺不得超过两层,每间宿舍不宜超过8人,严禁采用通铺,临时用房主体结构安全,必须具备产品合格证或设计图纸且不得超过两层	
7	生活卫生设施	施工现场应设置食堂、厕所、淋浴间、开水房、密闭式垃圾站(或容器)及盥洗设施等临时设施。盥洗设施应使用节水龙头,食堂必须有餐饮服务许可证。炊事员必须持健康证上岗,应穿戴洁净的工作服、工作帽和口罩,食堂配置消毒设施。办公区和生活区应有灭鼠、蟑螂、蚊、蝇等措施。固定的男女淋浴室和厕所,天棚、墙面刷白,墙裙应当贴面砖,地面铺设地砖,施工现场应设置自动水冲式或移动式厕所。宿舍建立卫生管理制度,生活用品摆放整齐	
8	防火防中毒	建立防火防中毒责任制,有专职(或兼职)的消防安全人员及足够的灭火器,在建工程(高度 24m 以上或单体 30 000m³ 以上)应设置消防立管,数量不少于 2 根,管径不小于 DN100,每层留消防水源接口,配备消防水枪、水带和软管;动用明火必须有审批手续和监护人,易燃易爆的仓库及重点防火部位应有专人负责。宿舍内严禁使用煤气灶、电饭煲及其他电热设备。宿舍区域内设置消防通道,且有标志,使用有毒材料或在有可能存在有毒气体的部位施工要采取防中毒措施	
9	综合治理	建立门卫值班制度,治安保卫责任制落实到人,建立防范盗窃、斗殴等事件发生的应急预案,建立学习和娱乐场所。现场建立民工学校,开展教学活动	
10	标牌标识	现场设有"五牌二图"及读报栏、宣传栏、黑板报;主要施工部位、作业点和危险区域以及主要通道口必须有针对性地悬挂醒目的安全警示牌和安全生产宣传横幅	
11	保健急救	现场必须备有保健药箱和急救器材,配备经培训的急救人员。经常开展卫生防病宣传教育,并做好记录	
12	节能环保	临时设施应采用节能材料,墙体、屋面应采用隔热性能好的材料。施工现场采取降噪声措施,夜间施工应办理有关手续,现场禁止焚烧各类废弃物质,对现场易飞扬物质采取防扬尘措施,生活和施工污水经过处理后排放	
施工单位验收意见		监理单位验收意见	验收人员	项目负责人: 项目技术负责人: 项目施工员: 项目安全员: 验收日期:

4. 施工临时用房验收表

（1）根据原建设部建质〔2003〕82号《建筑工程预防坍塌事故若干规定》的要求，结合当前建筑施工临时设施时有坍塌的情况，提出对施工现场搭设临时用房应进行验收的要求。

（2）临时用房验收按照设计文件及专项方案对基础、建筑结构安全、抗风措施、房屋所附电气设备、防火情况进行验收，并填写临时设施验收表。未经验收或验收不合格者不得投入使用。

（3）临时用房验收时应检查材料产品合格证、产品检测检验合格报告及生产厂家生产许可证等。

（4）验收项目技术负责人组织临时用房搭设负责人、施工负责人、项目安全员进行验收。项目监理工程师应当参加验收并提出验收意见，详见表3-2。

表 3-2 施工临时用房验收表

工程名称：

序号	验收项目	技 术 要 求	验收结果
1	专项方案	施工现场临时用房应单独编制专项施工方案，编制、审核、审批手续齐全	
2	地基与基础	地基加固、基础构造及强度、基础与墙体连接、房屋抗风措施是否符合施工图设计	
3	房屋建筑	各种建筑尺寸、标高、面积是否符合施工图及合同要求	
4	房屋结构	房屋结构构件材料、结构件的连接（焊接）节点、结构支撑件安装是否符合施工图和有关标准要求，当采用金属夹心板材时，其芯材的燃烧性能等级应为A级	
5	使用功能	门窗开闭是否灵活，防火、隔热、防盗等是否符合要求	
6	用电设备	用电线路敷设、开关插座及电器设备安装、线路接地等是否符合用电安全标准	
施工单位验收意见	监理单位验收意见	验收人员	临时用房搭设单位负责人： 项目技术负责人： 项目施工员： 项目安全员： 验收日期：

5. 施工现场标牌

（1）施工现场必须设有"五牌二图"，即工程概况牌、管理人员名单及监督电话牌、消防保卫牌、安全生产牌、文明施工牌、施工现场平面图、施工现场消防平面图。标牌规格统一、位置合理、字迹端正、线条清晰、表示明确，并固定在现场内主要进出口处，严禁将"五牌二图"挂在外脚手架上。

（2）施工现场应合理悬挂安全生产宣传和警示牌，标牌悬挂牢固可靠，特别是主要施工部位、作业点和危险区域以及主要通道口都必须有针对性地悬挂醒目的安全警示牌。

（3）施工现场应合理设置宣传栏、读报栏、黑板报，营造安全气氛。

6. 办公设施

（1）施工现场办公区、生活区与作业区分开设置，保持安全距离。现场办公室应符合安全、消防、节能、环保要求和国家有关规定，现场办公楼应设置预算组、质量组、安全组、资料组、施工组、项目经理室、会议室、安全监控室等。

（2）办公室搭设高度不宜超过两层，且有防风加固措施，项目部编制《临时设施专项施工方案》报企业技术负责人审定、总监批准后施工。

（3）周围环境应当安全、清洁。办公室的朝向和间距应符合日照、通风及消防要求。办公室的室内外高差不应小于 0.30m，四周应设排水沟。

（4）会议室宜设在底层，一般要求面积在 30m² 以上，净层高在 2.5m 以上，设置会议桌、椅子配备不少于 20 张，有条件的可配备音响、电视等，会议室内壁应悬挂企业简介、综合管理体系方针、工程管理目标牌、工程效果图、质量安全保证体系网络图等，会议室内应保持卫生整洁、桌椅整齐，可设置花草等装饰物。

（5）各办公室内的文件柜、办公桌、椅子应统一，办公室内可放置一些花卉盆景，室外合理进行一些绿化，墙上悬挂规章制度、岗位职责、图表、安全帽、考勤表等，所有图表规格要一致，字迹工整清晰，张贴整齐。

7. 生活设施

1）宿舍

（1）严格宿舍建设用地选址，搭设高度不宜超过两层，最大允许高度不应大于 6m，安全出口应分散布置。幢与幢之间的间距不应小于 3.5m，楼梯和走廊净宽度不应小于 1.0m。楼梯扶手高度不应低于 0.9m，外廊高度不应低于 0.5m。项目部编制《临时设施专项施工方案》报公司审批通过后施工，施工过程中项目部管理人员应做好隐患检查记录，完成后进行验收。

（2）宿舍朝向和间距应符合日照、通风及消防要求。宿舍内外高差不少于 0.3m，四周应设置集水井和排水沟，层数为三层或每层建筑面积大于 200m² 时，应设置至少两部疏散楼梯，并设置紧急疏散标识牌，以便紧急疏散，在二层楼道扶手上必须设置不少于两组落水斗，便于倾倒废水。

（3）宿舍应建立管理制度，门口挂住宿人员登记牌，生活区应设置垃圾桶等设施。

（4）宿舍内日常用品要放置整齐有序，衣物被褥折叠整齐，鞋类摆好，室外设晾晒衣服架，不得在室内晾晒衣服。宿舍内配备个人物品存放柜、脸盆架、桌凳等。

（5）住宿区应设置非机动车棚。非机动车棚采用钢管、角钢、彩钢板、薄型石棉瓦等材料拼制，拆装方便，可重复使用，电动车棚还应安装充电插座，方便电动车充电。

（6）临时宿舍使用年限不应超过 5 年，宿舍内床铺不得超过二层，每间宿舍不宜超过8 人，严禁采用通铺。

（7）宿舍内夏季应有消暑降温和防蚊虫叮咬措施。冬季应有保暖和防煤气中毒措施，有条件的可以安装空调。

2）食堂

（1）食堂必须有餐饮服务卫生许可证、炊事人员身体健康证，其证件和食堂卫生责任制等标牌应挂在墙上。食堂工作人员上岗必须穿戴洁净的工作服、工作帽和口罩，并应保持个人卫生。炊事员每年体检一次，无体检合格证的人员一律不准上岗。

（2）食堂应选在上风向，地势较高，干燥，远离厕所、垃圾站、有毒有害场所等污染源，且便于排水的地方。有良好的通风和洁卫措施，保持卫生整洁。

（3）食堂设施布局合理，有专用的食品加工操作间、食品原料存放间，饭菜出售场所。食堂内应功能分隔，特别是灶前灶后、仓储间、生熟食间应分开。燃气罐应单独设置存放间，存放间应通风良好并严禁存放其他物品。

（4）餐厅与厨房（包括辅房）面积之比不少于 3∶2（餐厅面积可按每餐位 $1m^2$ 估算）。餐厅内应设电风扇和消毒设施。餐厅布置简洁、大方、适用、美观，桌椅布置合理。

（5）厨房制作间地面、墙壁即灶台应贴防滑瓷砖，并保持墙面、地面干净，墙壁房顶应平整、密闭、不漏水。

（6）厨房内必须装设纱门、纱窗，有完善的防尘、防蝇、防鼠设施，食品储存做到隔墙离地。门扇下方应设置不低于 0.5m 的防鼠挡板，粮食存放台距墙面和地面应大于 0.2m。

（7）每个食堂至少配备 150L 以上容积的冰箱或冰柜。面案、蔬菜、肉类案等工具应分开使用，并标志明显。刀、墩、板、抹布以及其他用具、容器应定位存放，用后洗净，保持清洁。食堂不得制售素荤菜凉菜。无冷藏条件的剩菜、剩饭不得再加工出售；经冷藏后的饭菜须回锅加热煮透后方可出售。

（8）食堂内严禁存放灭鼠药、消毒药、防冻剂及其他有毒、有害物质。食堂外必须设置密闭式泔水池，并及时清运。采购的食品应当新鲜、卫生，并索取有关证明。食物应 48h 留样，并有留样记录。

（9）厨房内应配备必要的油烟净化器。保证排风通畅、消毒彻底，食堂排水应当通畅，并设置隔油池，隔油池每周清掏不少于两次，应有记录。

3）淋浴房

（1）生活区应设置固定的男、女淋浴室，围护材料宜采用砖、砌体、彩钢板等材料，地面应铺设防滑地砖，排水通畅，墙面瓷砖高度不低于 1.8m。顶棚应进行吊顶。

（2）浴室必须有门有锁，并设置更衣室，内置可容纳相当于淋浴龙头双倍数量的衣柜。

（3）浴室内应设置冷热水管和淋浴喷头，原则上每 20 人设一个喷头，喷头间距不应小于 1m，龙头应采用节水龙头。

（4）浴室内宜采用煤气、电、太阳能等热水器或者简易锅炉，煤气设施应隔离，锅炉应验收。

（5）用电设施必须满足用电安全，照明等必须安装防爆灯具和防水开关。

（6）浴厕间应有良好的通风设施，配备专职卫生保洁员，并随时保持清洁，无异味。

4）厕所

（1）生活区应设置通风良好的自冲式厕所。厕所高度不得低于 2.5m，上部应设天窗，应满足男厕每 50 人、女厕每 25 人设 1 个蹲便器，男厕每 50 人设置小便槽。蹲便器间距不应小于0.9m,蹲位之间应设置隔板,隔板高度不宜低于30cm,并设置水龙头和洗手池。施工现场也可根据实际需要设置移动式简易厕所。

（2）厕所内墙、蹲坑、坑槽、小便槽均应贴瓷砖,地面应贴防滑地砖。地面不得积水,大小便槽必须有定时冲洗装置。

（3）厕所蹲位之间设置隔板,隔板高度自地面起不低于0.9m。每个大便蹲位尺寸为$(1.00\sim1.20)$m$\times(0.85\sim1.20)$m,每个小便池站位尺寸为0.70m$\times$0.65m,独立小便器间距为0.8m。厕内单排蹲位外开门走道宽度以1.3m为宜;双排蹲位外开门走道宽度以1.5m为宜,蹲位无门走道宽度以$1.20\sim1.50$m为宜。通槽式水冲厕所槽深不得小于0.41m,槽底宽度不得小于0.15m,槽上宽度为$0.2\sim0.25$m。

（4）厕所内应有照明设施,应考虑防蝇、防蚊设施。厕所四周应植树种花以美化环境。

（5）厕所应有符合抗渗要求的化粪池,厕所污水经化粪池接入市政污水管网。

8. 保健急救

（1）施工现场必须配备常用药品的保健药箱和急救器材。

（2）施工现场配备的急救人员应经过培训,应熟练掌握"人工呼吸""固定绑扎""止血"等急救措施,并会使用简单的急救器材。

（3）施工现场应经常性地开展卫生防病宣传教育和急救常识教育,并做好记录。

（4）施工现场为保障作业人员健康,办公区和生活区应采取灭鼠、蚊、蝇、蟑螂等措施,并应定期投放和喷洒药物。

（5）现场施工人员患有法定传染病时,应及时进行隔离,并由卫生防疫部门进行处理。

3.2.8　消防管理

1. 现场防火

（1）施工现场必须有消防平面布置图,必须建立健全消防防火责任制和管理制度,并成立领导小组,配备足够、合适的消防器材及义务消防人员。

（2）建筑物每层应配备消防设施,建筑高度大于24m或单体体积超过30 000m³的在建工程,应放置临时消防给水系统。消防竖管数量不少于两根,消防竖管管径应当计算确定,且不应少于DN100。高度超过100m的在建工程,应在适当楼层增设临时中转水池及加压水泵。各层设消防水源接口,配备足够的灭火器,放置位置正确、固定可靠。

（3）现场动用明火必须有审批手续、消防器材和动火监护人。

（4）易燃易爆物品堆放间、木工间、油漆间等消防防火重点部位要采取必要的消防安全措施,配备专用消防器材,并有专人负责。

2. 消防安全检查记录表

（1）项目部应根据现场消防安全管理制度对防火技术方案的落实情况进行定期检查,项目部项目专（兼）职消防员或安全员应开展日常巡查和每月定期安全检查,并将检查情况记入消防安全检查记录表（见表3-3）。

（2）对检查中发现的安全隐患,项目部应责成整改人员进行整改,整改落实情况记入消防安全检查记录表,由项目部项目专（兼）消防员负责复查。

表 3-3　消防安全检查记录表

工程名称		项目负责人	
专(兼)职消防员		检查时间	
检 查 情 况			
整 改 措 施			
整改人员(签名)			
复查(验证)情况			
	专(兼)职消防员签名：　　　　　　　　复查时间：		

3. 动火许可证

（1）现场动用明火应实行许可制度,动用明火前应履行动火审批手续。动火有关人员应填写动火申请,经项目负责人或项目技术负责人审核后填发动火许可证(见表 3-4),未经批准不得动用明火。

（2）根据动用明火的危险程度和发生火灾的可能性,动火许可分为 3 个等级,分别采取不同的管理措施。在履行动火审批手续时应区别对待。具体要求见表 3-4 内"动火须知及防火措施"。

（3）项目负责人或项目技术负责人对动火条件应当派专员检查,对不符合条件的不予批准。项目监理工程应当对动火许可提出审核意见。

（4）现场动用明火前应落实动火监护人员,受明火影响区域应设置防火措施和配备足够的灭火器材。

表 3-4　动火许可证

存根

作业名称			动火部位				
动火时间	月　　日　　时　　分至　　月　　日　　时　　分止						
申请动火理由							
作业人员姓名			监护人姓名				
申请动火人		申请日期		批准人		批准时间	

动火许可证

操作人员执

作业名称			动火部位				
动火时间	月　　日　　时　　分至　　月　　日　　时　　分止						
动火须知及防火措施							
作业人员姓名			监护人姓名				
申请动火人		申请日期		批准人		批准时间	

3.3　建设工程绿色施工的监理（选学）

3.3.1　术语

1. 绿色施工

在保证质量、安全等基本要求的前提下，通过科学管理和技术进步，最大限度地节约资源，减少对环境的负面影响，实现"四节一环保"（节能、节材、节水、节地和环境保护）的建筑工程施工活动。

2. 建筑垃圾

建筑垃圾是指新建、改建、扩建和拆除各类建筑物、构筑物、管网等以及装饰装修房屋过程中产生的废物料。

3. 建筑废弃物

建筑废弃物是指建筑垃圾分类后，丧失施工现场再利用价值的部分。

4. 绿色施工评价

绿色施工评价是指对工程建设项目绿色施工水平及效果所进行的评估活动。

5. 信息化施工

信息化施工是指利用计算机信息化手段,将工程项目实施过程的信息进行有序存储、处理和信息反馈,用以指导调整施工的方法。

6. 建筑工业化

建筑工业化是指以现代化工业生产方式,在工厂完成建筑构、配件制造,在施工现场进行安装的建造模式。

3.3.2 组织与管理

1. 建设单位应履行的职责

(1) 在编制工程概算和招标文件时,应明确绿色施工的要求,并提供包括场地、环境、工期、资金等方面的条件保障。

(2) 应向施工单位提供建设工程绿色施工的设计文件、产品要求等相关资料,保证资料的真实性和完整性。

(3) 应建立工程项目绿色施工的协调机制。

2. 设计单位应履行的职责

(1) 应按国家现行有关标准和建设单位的要求进行工程的绿色设计。

(2) 应协助、支持、配合施工单位做好建筑工程绿色施工的有关设计工作。

3. 监理单位应履行的职责

(1) 应对建筑工程绿色施工承担监理责任。

(2) 应审查绿色施工组织设计、绿色施工方案或绿色施工专项方案,并在实施过程中做好监督检查工作。

4. 施工单位应履行的职责

(1) 施工单位是建筑工程绿色施工的实施主体,应组织绿色施工的全面实施。

(2) 实行总承包管理的建设工程,总承包单位应对绿色施工负总责。

(3) 总承包单位应对专业承包单位的绿色施工实施管理,专业承包单位应对工程承包范围的绿色施工负责。

(4) 施工单位应建立以项目经理为第一责任人的绿色施工管理体系,制定绿色施工管理制度,负责绿色施工的组织实施,进行绿色施工教育培训,定期开展自检、联检和评价工作。

(5) 绿色施工组织设计、绿色施工方案或绿色施工专项方案编制前,应进行绿色施工影响因素分析,并据此制订实施对策和绿色施工评价方案。

参建各方应积极推进建筑工业化和信息化施工。建筑工业化宜重点推进结构构件预制化和建筑配件整体装配化。应做好施工协同,加强施工管理,协商确定工期。

施工单位应强化技术管理,绿色施工过程技术资料应收集和归档。根据绿色施工要求,对传统施工工艺进行改进。建立不符合绿色施工要求的施工工艺、设备和材料的限制和淘汰等制度。按照国家法律法规的有关要求,制定施工现场环境保护和人员安全等突发事件的应急预案。据此制订实施对策和绿色施工评价方案。施工现场应建立机械设备保养、限额领料、建筑垃圾再利用的台账和清单。工程材料和机械设备的存放、运输应制定保护措施。

3.3.3　资源节约

1. 节材及材料利用规定

（1）应根据施工进度、材料使用时点、库存情况等制订材料的采购和使用计划。

（2）现场材料应堆放有序，并满足材料储存及质量保证的要求。

（3）工程施工使用的材料宜选用距施工现场500km以内生产的建筑材料。

2. 节水及水资源利用规定

（1）现场应结合给排水点位置进行管线线路和阀门预设位置的设计，并采取管网和用水器具防渗漏的措施。

（2）施工现场办公区、生活区的生活用水应采用节水器具。

（3）施工现场宜建立雨水、中水或其他可利用水资源的收集利用系统。

（4）应按照生活用水与工程用水的定额指标进行控制。

（5）施工现场喷洒路面、绿化浇灌不宜使用自来水。

3. 节能及能源利用规定

（1）应合理安排施工顺序及施工区域，减少作业区机械设备数量。

（2）应选择功率与负荷相匹配的施工机械设备，机械设备不宜低负荷运行，不宜采用自备电源。

（3）应制定施工能耗指标，明确节能措施。

（4）应建立施工机械设备档案和管理制度，机械设备应定期进行保养维修。

（5）生产、生活、办公区域及主要机械设备宜分别进行耗能、耗水及排污计量，并做好相应记录。

（6）应合理布置临时用电线路，选用节能器具，采用声控、光控和节能灯具；照明照度宜按最低照度设计。

（7）宜利用太阳能、地热能、风能等可再生能源。

（8）施工现场宜错峰用电。

4. 节地及土地资源保护规定

（1）应根据工程规模及施工要求布置施工临时设施。

（2）施工临时设施不宜占用绿地、耕地以及规划红线以外的场地。

（3）施工现场应避让、保护场区及周边的古树名木。

3.3.4　环境保护

1. 施工现场扬尘控制规定

（1）施工现场宜搭设封闭式垃圾站。

（2）细散颗粒材料、易扬尘材料应封闭堆放、存储和运输。

（3）施工现场出口应设冲洗池，施工场地、道路应采取定期洒水抑尘措施。

（4）土石方作业区内扬尘目测高度应小于1.5m，结构施工、安装、装饰装修阶段目测扬尘高度应小于 0.5m,不得扩散到工作区域外。

（5）施工现场使用的热水锅炉等宜使用清洁燃料。不得在施工现场熔化沥青或焚烧油毡、油漆以及其他产生有毒、有害烟尘和恶臭气体的物质。

2. 噪声控制规定

（1）施工现场应对噪声进行实时监测,施工场界环境噪声排放昼间不应超过 70dB(A),夜间不应超过 55dB(A)。噪声测量方法应符合现行国家标准《建筑施工场界环境噪声排放标准》(GB 12523—2011)的规定。

（2）施工过程宜使用低噪声、低振动的施工机械设备,对噪声控制要求较高的区域应采取隔声措施。

（3）施工车辆进出现场,不宜鸣笛。

3. 光污染控制规定

（1）应根据现场和周边环境采取限时施工、遮光和全封闭等避免或减少施工过程中光污染的措施。

（2）夜间室外照明灯应加设灯罩,光照方向应集中在施工区范围。

（3）在光线作用敏感区域施工时,电焊作业和大型照明灯具应采取防光外泄措施。

4. 水污染控制规定

（1）污水排放应符合现行行业标准《污水排入城镇下水道水质标准》(CJ 343—2010)的有关要求,或根据主管部门要求,执行国家推荐性标准《污水排入城镇下水道水质标准》(GB/T 301962—2015)的规定。

（2）使用非传统水源和现场循环水时,宜根据实际情况对水质进行检测。

（3）施工现场存放的油料和化学溶剂等物品应设专门库房,地面应做防渗漏处理。废弃的油料和化学溶剂应集中处理,不得随意倾倒。

（4）易挥发、易污染的液态材料,应使用密闭容器存放。

（5）施工机械设备使用和检修时,应控制油料污染;清洗机具的废水和废油不得直接排放。

（6）食堂、盥洗室、淋浴间的下水管线应设置过滤网,食堂应另设隔油池。

（7）施工现场宜采用移动式厕所,并委托环卫单位定期清理。固定厕所应设化粪池。

（8）隔油池和化粪池应做防渗处理,并及时清运、消毒。

5. 施工现场垃圾处理规定

（1）垃圾应分类存放、按时处理。

（2）应制订建筑垃圾减排计划,建筑垃圾的回收利用应符合现行国家标准《工程施工废弃物再生利用技术规范》(GB/T 50743—2012)的有关要求。

（3）有毒有害废弃物的分类率应达到 100%;对有可能造成二次污染的废弃物应单独储存,并设置醒目标识。

（4）现场清理时,应采用封闭式运输,不得将施工垃圾从窗口、洞口、阳台等处抛撒。

6. 危险品、化学品处理规定

施工使用的乙炔、氧气、油漆、防腐剂等危险品、化学品的运输、储存、使用应采取隔离措施,污物排放应达到国家现行有关排放标准的要求。

3.3.5 施工准备

施工单位应根据设计资料、场地条件、周边环境和绿色施工总体要求,明确绿色施工的目标、材料、方法和实施内容,并在图纸会审时提出需要设计单位配合的建议和意见。编制包含绿色施工管理和技术要求的工程绿色施工组织设计、绿色施工方案或绿色施工专项方案,并经审批通过后实施。

绿色施工组织设计、绿色施工方案或绿色施工专项方案编制应符合下列规定。

(1)应考虑施工现场的自然与人文环境特点。

(2)应有减少资源浪费和环境污染的措施。

(3)应明确绿色施工的组织管理体系、技术要求和措施。

(4)应选用先进的产品、技术、设备、施工工艺和方法,利用规划区域内设施。

(5)应包含改善作业条件、降低劳动强度、节约人力资源等内容。

施工现场宜推行电子文档管理及建筑材料数据库,应采用绿色性能相对优良的建筑材料。施工单位宜建立施工机械设备数据库。应根据现场和周边环境情况,对施工机械和设备进行节能、减排和降耗指标分析与比较,采用高性能、低噪声和低能耗的机械设备。

在绿色施工评价前,依据工程项目环境影响因素分析情况,应对绿色施工评价要素中一般项和优选项的条目数进行相应调整,并经工程项目建设和监理方确认后,作为绿色施工的相应评价依据。

3.3.6　施工场地

1. 现场平面布置

在施工总平面设计时,应对施工场地、环境和条件进行分析,确定具体实施方案。施工总平面布置宜利用场地及周边现有和拟建建筑物、构筑物、道路和管线等。

施工前应制订合理的场地使用计划;施工中应减少场地干扰,保护环境。临时设施的占地面积可按最低面积指标设计,有效使用临时设施用地。塔吊等垂直运输设施基座宜采用可重复利用的装配式基座或利用在建工程的结构。

施工现场平面布置应符合下列原则。

(1)在满足施工需要的前提下,应减少施工用地。

(2)应合理布置起重机械和各项施工设施,统筹规划施工道路。

(3)应合理划分施工分区和流水段,减少专业工种之间交叉作业。

施工现场平面布置应根据施工各阶段的特点和要求,实行动态管理。施工现场生产区、办公区和生活区应实现相对隔离。施工现场作业棚、库房、材料堆场等布置宜靠近交通线路和主要用料部位。施工现场的强噪声机械设备宜远离噪声敏感区。场区围护及道路施工现场大门、围挡和围墙宜采用可重复利用的材料与部件,并应工具化、标准化。施工现场入口应设置绿色施工制度图牌。施工现场道路布置应遵循永久道路和临时道路相结合的原则。施工现场主要道路的硬化处理宜采用可周转使用的材料和构件。施工现场围墙、大门和施工道路周边宜设置绿化隔离带。

2. 临时设施

临时设施的设计、布置和使用,应采取有效的节能降耗措施,并符合下列规定。

(1)应利用场地自然条件,临时建筑的体形宜规整,应有自然通风和采光,并应满足节能要求。

（2）临时设施宜选用由高效保温、隔热、防火材料制成的复合墙体和屋面，以及密封保温隔热性能较好的门窗。

（3）临时设施建设不宜使用一次性墙体材料。

（4）办公和生活临时用房应采用可重复利用的房屋。严寒和寒冷地区外门应采取防寒措施。夏季炎热地区的外窗宜设置外遮阳。

3.3.7 地基与基础工程

桩基施工应选用低噪、环保、节能、高效的机械设备和工艺。

地基与基础工程施工时，应识别场地内及相邻周边现有的自然、文化和建（构）筑物特征，并采取相应的保护措施。场内发现文物时，应立即停止施工，派专人看管，并通知当地文物主管部门。地基与基础工程施工应符合下列要求。

（1）现场土、料存放应采取加盖或植被覆盖措施。

（2）土方、渣土装卸车和运输车应有防止遗撒和扬尘的措施。

（3）对施工过程产生的泥浆应设置专门的泥浆池或泥浆罐车储存。

1. 土石方工程

土石方工程在开挖前应进行挖、填方的平衡计算，在土石方场内应使运距最短并和工序衔接紧密。工程渣土应分类堆放和运输，其再生利用应符合现行国家标准《工程施工废弃物再生利用技术规范》（GB/T 50743—2012）的规定。宜采用逆作法或半逆作法进行施工，施工中应采取通风和降温等改善地下工程作业条件的措施。在受污染的场地进行施工时，应对土质进行专项检测和治理。土石方爆破施工前，应进行爆破方案的编制和评审；应采用防尘和飞石控制措施。4 级以上大风天气，严禁土石方工程爆破施工作业。

2. 桩基工程

成桩工艺应根据桩的类型、使用功能、土层特性、地下水位、施工机械、施工环境、施工经验、制桩材料供应条件等，按安全适用、经济合理的原则选择。

混凝土灌注桩施工应符合下列规定。

（1）灌注桩采用泥浆护壁成孔时，应采取导流沟和泥浆池等排浆及储浆措施。

（2）施工现场应设置专用泥浆池，并及时清理沉淀的废渣。

工程桩不宜采用人工挖孔成桩，特殊情况采用时，应采取护壁、通风和防坠落措施。在城区或人口密集地区施工混凝土预制桩和钢桩时，也应采用护壁、通风和防坠落措施。工程桩桩顶剔除部分的再生利用应符合现行国家标准《工程施工废弃物再生利用技术规范》（GB/T 50743—2012）的规定。

3. 地基处理工程

换填法施工应符合下列规定。

（1）回填土施工应采取防止扬尘的措施，4 级以上大风天气严禁回填土施工。施工间歇时应对回填土进行覆盖。

（2）当采用砂石料作为回填材料时，宜采用振动碾压。

（3）灰土过筛施工应采取避风措施。

（4）开挖原土的土质不适宜回填时，应采取土质改良措施后加以利用。

在城区或人口密集地区,不宜使用强夯法施工。高压喷射注浆法施工的浆液应有专用容器存放,置换出的废浆应及时收集清理。采用砂石回填时,砂石填充料应保持湿润。基坑支护结构采用锚杆(锚索)时,宜优先采用可拆式锚杆。喷射混凝土施工宜采用湿喷或水泥裹砂喷射工艺,并采取防尘措施。锚喷作业区的粉尘浓度不应大于 $10mg/m^3$,喷射混凝土作业人员应佩戴防尘用具。

4. 地下水控制

基坑降水宜采用基坑封闭降水方法,基坑施工排出的地下水应加以利用。

采用井点降水施工时,地下水位与作业面高差宜控制在 250mm 以内,并根据施工进度进行水位自动控制。当无法采用基坑封闭降水,且基坑抽水对周围环境可能造成不良影响时,应采用对地下水无污染的回灌方法。

3.3.8　主体结构工程

预制装配式结构构件宜采取工厂化加工;构件的存放和运输应采取防止变形和损坏的措施;构件的加工和进场顺序应与现场安装顺序一致;不宜二次倒运。基础和主体结构施工应统筹安排垂直和水平运输机械。施工现场宜采用预拌混凝土和预拌砂浆。现场搅拌混凝土和砂浆时,应使用散装水泥;搅拌机棚应有封闭降噪和防尘措施。

1. 混凝土结构工程

1) 钢筋工程

钢筋宜采用专用软件优化放样下料,根据优化配料结果合理确定进场钢筋的定尺长度;在满足相关规范要求的前提下,合理利用短筋。

钢筋工程宜采用专业化生产的成型钢筋。钢筋现场加工时,宜采取集中加工方式。钢筋连接宜采用机械连接方式。进场钢筋原材料和加工半成品应存放有序、标识清晰、储存环境适宜,并应采取防潮、防污染等措施,建立健全保管制度。钢筋除锈时,应采取避免扬尘和防止土壤污染的措施。钢筋加工中使用的冷却液体,应过滤后循环使用,不得随意排放。钢筋加工产生的粉末状废料,应按建筑垃圾及时收集和处理,不得随意掩埋或丢弃。钢筋安装时,绑扎丝、焊剂等材料应妥善保管和使用,散落的余废料应及时收集利用。箍筋宜采用一笔箍或焊接封闭箍。

2) 模板工程

应选用周转率高的模板和支撑体系。模板宜选用可回收利用的塑料、铝合金等材料。宜使用大模板、定型模板、爬升模板和早拆模板等工业化模板体系。采用木制或竹制模板时,宜采取工厂化定型加工、现场安装的方式,不得在工作面上直接加工拼装。在现场加工时,应设封闭场所集中加工,并采取有效的隔声和防粉尘污染措施。模板安装精度应符合现行国家标准《混凝土结构工程施工质量验收规范》(GB 50204—2015)的要求。

脚手架和模板支撑宜选用承插式、碗扣式、盘扣式等管件合一的脚手架材料搭设。高层建筑结构施工,应采用整体或分片提升的工具式脚手架和分段悬挑式脚手架。模板及脚手架施工应及时回收散落的铁钉、铁丝、扣件、螺栓等材料。短木方应叉接接长,木、竹胶合板的边角余料应拼接并合理利用。模板脱模剂应选用环保型产品,并由专人保管和涂刷,剩余部分应及时回收。模板拆除宜按支设的逆向顺序进行,不得硬撬或重砸。拆除平台楼层的底模,应采取临时支撑、支垫等防止模板坠落和损坏的措施,并应建立维护维修制度。

3)混凝土工程

在混凝土配合比设计时,应减少水泥用量,增加工业废料、矿山废渣的掺入量;当混凝土中添加粉煤灰时,宜利用其后期强度。混凝土宜采用泵送、布料机布料浇筑;地下大体积混凝土宜采用溜槽或串筒浇筑。超长无缝混凝土结构宜采用滑动支座法、跳仓法和综合治理法施工;当裂缝控制要求较高时,可采用低温补仓法施工。混凝土应采用低噪声振捣设备振捣,也可采取围挡降噪措施;在噪声敏感环境或钢筋密集时,宜采用自密实混凝土。混凝土宜采用塑料薄膜加保温材料覆盖保湿、保温养护;当采用洒水或喷雾养护时,养护用水宜使用回收的基坑降水或雨水;混凝土竖向构件宜采用养护剂进行养护。混凝土结构宜采用清水混凝土,其表面应涂刷保护剂。混凝土浇筑余料应制成小型预制件,或采用其他措施加以利用,不得随意倾倒。清洗泵送设备和管道的污水应经沉淀后回收利用,浆料分离后可做室外道路、地面等垫层的回填材料。

2. 砌体结构工程

砌体结构宜采用工业废料或废渣制作的砌块及其他节能环保的砌块。砌块运输宜采用托板整体包装,现场应减少二次搬运。砌块湿润和砌体养护宜使用检验合格的非自来水源。混合砂浆掺合料可使用粉煤灰等工业废料。

砌筑施工时,落地灰应及时清理、收集和再利用。砌块应按组砌图砌筑;非标准砌块应在工厂加工按计划进场,现场切割时应集中加工,并采取防尘降噪措施。毛石砌体砌筑时产生的碎石块,应加以回收利用。

3. 钢结构工程

钢结构深化设计时,应结合加工、运输、安装方案和焊接工艺要求,确定分段、分节数量和位置,优化节点构造,减少钢材用量。钢结构安装连接宜选用高强螺栓连接,钢结构宜采用金属涂层进行防腐处理。大跨度钢结构安装宜采用起重机吊装、整体提升、顶升和滑移等机械化程度高、劳动强度低的方法。钢结构加工应制订废料减量计划,优化下料,综合利用余料,废料应分类收集、集中堆放、定期回收处理。钢材、零(部)件、成品、半成品件和标准件等应堆放在平整、干燥的场地或仓库内。复杂空间钢结构制作和安装,应预先采用仿真技术模拟施工过程和状态。钢结构现场涂料应采用无污染、耐候性好的材料。防火涂料喷涂施工时,应采取防止涂料外泄的专项措施。

4. 其他

装配式混凝土结构安装所需的埋件和连接件以及室内外装饰装修所需的连接件,应在工厂制作时准确预留、预埋。钢混组合结构中的钢结构构件,应结合配筋情况,在深化设计时确定与钢筋的连接方式。钢筋连接、套筒焊接、钢筋连接板焊接及预留孔应在工厂加工时完成,严禁安装时随意割孔或焊接。索膜结构施工时,索膜应由工厂化制作和裁剪,现场安装。

3.3.9 装饰装修工程

1. 地面工程

1)地面基层处理规定

(1)基层粉尘清理应采用吸尘器;没有防潮要求的,可采用洒水降尘等措施。

（2）基层需要剔凿的,应采用噪声剔凿机具和剔凿方式。

2）地面找平层、隔汽层、隔声层施工规定

（1）找平层、隔汽层、隔声层厚度应控制在允许偏差的负值范围内。

（2）干作业应有防尘措施。

（3）湿作业应采用喷洒方式保湿养护。

3）水磨石地面施工规定

（1）应对地面洞口、管线口进行封堵,墙面应采取防污染措施。

（2）应采取水泥浆收集处理措施。

（3）其他饰面层的施工宜在水磨石地面完成后进行。

（4）现制水磨石地面应采取控制污水和噪声的措施。

（5）施工现场切割地面块材时,应采取降噪措施;污水应集中收集处理。

（6）地面养护期内不得上人或堆物,对地面养护用水,应采用喷洒方式,严禁养护用水溢流。

2. 门窗及幕墙工程

木制、塑钢、金属门窗应采取成品保护措施。外门窗安装应与外墙面装修同步进行,宜采取遮阳措施。门窗框周围的缝隙填充应采用憎水保温材料。幕墙与主体结构的预埋件应在结构施工时埋设。连接件应采用耐腐蚀材料或采取可靠的防腐措施。硅胶使用前应进行相容性和耐候性复试。

3. 吊顶工程

吊顶施工应减少板材、型材的切割。应避免采用温湿度敏感材料进行大面积吊顶施工。高大空间的整体顶棚施工,宜采用地面拼装、整体提升就位的方式。高大空间吊顶施工时,宜采用可移动式操作平台等节能节材设施。

4. 隔墙及内墙面工程

隔墙材料宜采用轻质砌块砌体或轻质墙板,严禁采用实心烧结黏土砖。预制板或轻质隔墙板间的填塞材料应采用弹性或微膨胀的材料。抹灰墙面应采用喷雾方法进行养护。使用溶剂型腻子找平或直接涂刷溶剂型涂料时,混凝土或抹灰基层含水率不得大于8％,使用乳液型腻子找平或直接涂刷乳液型涂料时,混凝土或抹灰基层含水率不得大于10％。木材基层含水率不得大于12％。涂料施工应采取遮挡、防止挥发和劳动保护等措施。

3.3.10　保温和防水工程

1. 保温工程

保温施工宜选用结构自保温、保温与装饰一体化、保温板兼作模板、全现浇混凝土外墙与保温一体化和管道保温一体化等方案。采用外保温材料的墙面和屋顶,不宜进行焊接、钻孔等施工作业。确需施工作业时,应采取防火保护措施,并应在施工完成后,及时对裸露的外保温材料进行防护处理。应对外门窗安装,水暖及装饰工程需要的管卡、挂件,电气工程的暗管、接线盒及穿线等施工完成后,进行内保温施工。

1）现浇泡沫混凝土保温层施工规定

（1）水泥、集料、掺合料等宜工厂干拌、封闭运输。

（2）拌制的泡沫混凝土宜泵送浇筑。

（3）搅拌和泵送设备及管道等冲洗水应收集处理。

（4）养护应采用覆盖、喷洒等节水方式。

2）保温砂浆保温层施工规定

（1）保温砂浆材料宜采用预拌砂浆。

（2）现场拌和应随用随拌。

（3）落地浆体应收集利用。

3）玻璃棉、岩棉类保温层施工规定

（1）玻璃棉、岩棉类保温材料，应封闭存放。

（2）玻璃棉、岩棉类保温材料现场裁切后的剩余材料应封闭包装、回收利用。

（3）雨天、4级以上大风天气不得进行室外作业。

4）泡沫塑料类保温层施工规定

（1）聚苯乙烯泡沫塑料板余料应全部回收。

（2）现场喷涂硬泡聚氨酯时，应对作业面采取遮挡、防风和防护措施。

（3）现场喷涂硬泡聚氨酯时，环境温度宜在 10～40℃，空气相对湿度宜小于 80%，风力不宜大于 3 级。

（4）硬泡聚氨酯现场作业应准确计算使用量，随配随用。

2. 防水工程

1）卷材防水层施工规定

（1）宜采用自黏型防水卷材。

（2）采用热熔法施工时，应控制燃料泄漏，并控制易燃材料储存地点与作业点的间距。高温环境或封闭条件施工时，应采取措施加强通风。

（3）防水层不宜采用热黏法施工。

（4）采用的基层处理剂和胶黏剂应选用环保型材料，并封闭存放。

（5）防水卷材余料应及时回收。

2）涂膜防水层施工规定

（1）液态防水涂料和粉末状涂料应采用封闭容器存放，余料应及时回收。

（2）涂膜防水宜采用滚涂或涂刷工艺，当采用喷涂工艺时，应采取防止污染的措施。

（3）涂膜固化期内应采取保护措施。

3.3.11　机电安装工程

1. 管道工程

管道连接宜采用机械连接方式。采暖散热片组装应在工厂完成。设备安装产生的油污应随即清理。管道试验及冲洗用水应有组织地进行排放，处理后重复利用。污水管道、雨水管道试验及冲洗用水宜利用非自来水源。

2. 通风工程

预制风管宜进行工厂化制作。下料时应按先大管料，再小管料，先长料，后短料的顺序进行。预制风管安装前应将内壁清扫干净。预制风管连接宜采用机械连接方式。冷媒储存应采用压力密闭容器。

3. 电气工程

电线导管暗敷应做到线路最短。应选用节能型电线、电缆和灯具等,并应进行节能测试。预埋管线口应采取临时封堵措施。线路连接宜采用免焊接头和机械压接方式。不间断电源柜试运行时应进行噪声监测。不间断电源安装应防止电池液泄漏,废旧电池应回收。电气设备的试运行不得低于规定时间,且不应超过规定时间的 1.5 倍。

3.3.12　拆除工程

1. 拆除施工准备

拆除施工前拆除方案应得到相关方批准;应对周边环境进行调查和记录,界定影响区域。拆除工程应按建筑构配件的情况,确定保护性拆除或破坏性拆除。拆除施工应依据实际情况,分别采用爆破拆除、机械拆除和人工拆除的方法。拆除施工前应制定应急预案。拆除施工前,应制定防尘措施;采取水淋法降尘时,应有控制用水量和污水流淌的措施。

2. 拆除施工

人工拆除前应制定安全防护和降尘措施。拆除管道及容器时,应查清残留物性质并采取相应安全的措施,方可进行拆除施工。机械拆除宜优先选用低能耗、低排放、低噪声机械;并应合理确定机械作业位置和拆除顺序,采取保护机械和人员安全的措施。在爆破拆除前,应进行试爆,并根据试爆结果,对拆除方案进行完善。

(1) 爆破拆除防尘和飞石控制应符合下列规定。

① 钻机成孔时,应设置粉尘收集装置,或采取钻杆带水作业等降尘措施。

② 爆破拆除时,可采用在爆点位置设置水袋的方法或多孔微量爆破方法。

③ 爆破完成后,宜用高压水枪进行水雾消尘。

④ 对于重点防护的范围,应在其附近架设防护排架,并挂金属网防护。

⑤ 对烟囱、水塔等高大建构筑物进行爆破拆除时,应在倒塌范围内采取铺设缓冲垫层或开挖减振沟等触地防振措施。

(2) 在城镇或人员密集区域,爆破拆除宜采用噪声小、对环境影响小的静力爆破,并应符合下列规定。

① 采用具有腐蚀性的静力破碎剂作业时,灌浆人员必须戴防护手套和防护眼镜。

② 静力破碎剂不得与其他材料混放。

③ 爆破成孔与破碎剂注入不宜同步施工。

④ 破碎剂注入时,不得进行相邻区域的钻孔施工。

⑤ 孔内注入破碎剂后,作业人员应保持安全距离,不得在注孔区域行走。

⑥ 使用静力破碎发生异常情况时,必须停止作业;待查清原因采取安全措施后,方可继续施工。

3. 拆除物的综合利用

建筑拆除物分类和处理应符合现行国家标准《工程施工废弃物再生利用技术规范》(GB/T 50743—2012)的规定;剩余的废弃物应做无害化处理。不得将建筑拆除物混入生活垃圾,不得将危险废弃物混入建筑拆除物。拆除的门窗、管材、电线、设备等材料应回收利用。拆除的钢筋和型材应经分拣后再生利用。

思 考 题

1. 什么是安全管理？什么是安全生产管理的监理？

2. 什么是危险性较大的分部分项工程？它的专项施工方案内容有什么要求？方案编、报、审有什么要求？

3. 简述文明施工检查内容。

4. 简述消防监理检查内容。

5. "五牌二图"指什么？

6. 简述建筑工程主体结构绿色施工的内容。

单元 4 施工安全专项检查验收

4.1 危险性较大工程施工安全的检查验收

4.1.1 基坑工程

基坑支护工程施工前应编制专项施工方案,经施工总承包单位、监理单位(建设单位)审核批准后方可实施。对于超过一定规模的危险性较大的基坑支护工程,应按有关规定对专项施工方案进行专家论证;施工单位应按专家论证意见修改完善,并经施工单位技术负责人和总监理工程师批准后方可实施。

基坑施工前施工企业应组织专项施工方案技术交底,

视频:湖南版 基坑工程安全标准化仿真教学

视频:基坑工程施工安全事故案例仿真教学

对场地标高、周围建筑物和构筑物、道路及地下管线等调查核实,必要时应取证留档。

基坑工程施工过程中,应按基坑设计文件及相关标准规定对已完成工程进行质量检测及验收,验收合格后方可继续工程施工。

1. 支护结构

支护结构的施工顺序、施工技术措施等应符合设计、相关标准和专项施工方案的要求。采用的原材料及半成品应按照相关标准的规定进行检验。安装与拆除应符合设计工况及专项施工方案要求。必须严格遵守先支撑后开挖的原则。

2. 土方开挖

应根据设计及专项施工方案的施工顺序及工况进行土方开挖,不得超工况开挖。土方应分区、分块、分层均衡开挖;开挖后应按设计及专项施工方案的要求及时支撑、浇筑垫层。

基坑开挖过程中,应采取措施防止碰撞支护结构、工程桩或扰动基底原状土。根据基坑监测数据及周围环境情况指导土方开挖施工;当基坑及周围环境监测数据超过设计报警值时,应立即停止施工,采取措施后方可继续施工。

3. 降排水

基坑工程应按专项施工方案要求设置采取有效的排水和降水措施。当基坑降水可能引起坑外水位下降时,应采取防止临近建筑物、构筑物和地下管线沉降的措施。基坑周边地面应设置排水沟,且应避免水渗漏进入坑内;放坡开挖时,应对坡顶、坡面、坡脚采取坡面保护措施。基坑内集水坑距离坑壁不宜小于 3m。

4. 坑边荷载

基坑周边荷载不应超过设计要求;现场场布应符合专项施工方案的要求。当基坑周边荷载超过设计要求时,应采取措施,并征得基坑支护设计单位同意。

5. 基坑监测

1) 下列基坑工程应实施监测

(1) 开挖深度大于或等于 5m 的基坑工程。

(2) 开挖深度小于 5m,但现场地质情况和周围环境较复杂的基坑工程。

(3) 其他需要监测的基坑工程。

基坑工程实施前监测单位应编制监测方案。监测方案需经建设单位、基坑支护设计单位、监理单位认可,监测单位应严格按监测方案实施监测。当基坑工程设计或施工有重大变更时,监测单位应与建设单位及相关单位研究并及时调整监测方案。当监测数据达到监测报警值时必须立即通报建设单位及相关单位。

2) 基坑工程巡视检查

基坑工程施工期间应安排专人进行巡视检查。基坑工程巡视检查宜包括以下内容。

(1) 支护结构。

① 支护结构成型质量。

② 冠梁、围檩、支撑有无裂缝出现。

③ 支撑、立柱有无较大变形。

④ 止水帷幕有无开裂、渗漏。

⑤ 墙后土体有无裂缝、沉陷及滑移。

⑥ 基坑有无涌土、流砂、管涌。

（2）施工工况。

① 开挖后暴露的土质情况与岩土勘察报告有无差异。

② 基坑开挖分段长度、分层厚度及支锚设置是否与设计及专项施工方案一致,有无超长、超深开挖。

③ 场地地表水、地下水排放状况是否正常,基坑降水、回灌设施是否运转正常。

④ 基坑周边地面有无超载。

（3）基坑周边环境。

① 地下管道有无破损、泄漏情况。

② 周边建（构）筑物有无新增裂缝出现。

③ 周边道路（地面）有无裂缝、沉陷。

④ 临近基坑及建（构）筑物的施工变化情况。

（4）监测设施。

① 基准点、监测点完好状况。

② 监测元件的完好及保护情况。

③ 有无影响观测工作的障碍物。

（5）当出现下列情况之一时,应加强监测,提高监测频率,并及时向建设单位及相关单位报告监测结果。

① 监测数据达到报警值。

② 监测数据变化较大或者速率加快。

③ 存在勘察未发现的不良地质。

④ 超深、超长开挖或未及时加撑等违反设计工况施工。

⑤ 基坑及周边大量积水、长时间连续降雨、市政管道出现泄漏。

⑥ 基坑附近地面荷载突然增大或超过设计限值。

⑦ 支护结构出现开裂。

⑧ 周边地面突发较大沉降或出现严重开裂。

⑨ 临近的建（构）筑物突发较大沉降、不均匀沉降或出现严重开裂。

⑩ 基坑底部、坡体或支护结构出现管涌、渗漏或流沙等现象。

⑪ 基坑工程发生事故后重新组织施工。

⑫ 出现其他影响基坑及周边环境安全的异常情况。

（6）当出现下列情况之一时,应立即停止施工,必须立即报警,并实时跟踪监测,对基坑支护结构和周边的保护对象采取应急措施。

① 监测数据达到监测报警值的累计值。

② 基坑支护结构或周边土体的位移值突然明显变大或基坑出现渗漏、流沙、管涌、隆起、陷落或较严重的渗漏等。

③ 基坑支护结构的支撑或锚杆体系出现过大变形、压屈、断裂、松弛或拔出的迹象。

④ 周边建（构）筑物的结构部分、周边地面出现危害结构的变形裂缝或较严重的突发裂缝。

⑤ 根据当地工程经验判断,出现其他必须进行危险报警的情况。

6. 作业环境

基坑应设置上下通道供作业人员通行。上下通道应牢固可靠,数量、位置应满足施工要求,设置方法应符合有关安全防护规定。基坑周边必须进行临边防护。临边防护距基坑边的距离不应小于 500mm。基坑内作业人员应有稳定、安全的立足点。垂直、交叉作业时应设置安全隔离防护措施。夜间或光线较暗施工时,应设置足够的照明设施。

4.1.2 模板工程

模板工程施工前应编制专项施工方案,经施工总承包单位、监理单位审核批准后方可实施。对于超过一定规模的危险性较大的模板工程(包括支撑体系),应按有关规定进行专家论证。其主要内容应包括该工程模板及支撑体系的总体情况、结构计算、特殊部位的质量安全要求、装拆施工安全技术措施、混凝土浇筑施工技术要求和施工图。

视频:模板工程高支模架模板事故案例仿真教学　视频:模板工程安全标准化仿真教学

监理单位应对承重杆件、连接件等材料的产品合格证、生产许可证、检验报告进行复核,并进行抽样检验。检查模板支撑架的搭拆人员操作资格证书。模板工程在施工完毕后应组织验收,验收不合格的,不得浇筑混凝土。

模板支撑系统的地基承载力、沉降等应能满足方案设计要求。如遇松软土、回填土,应根据设计要求进行平整、夯实,并采取防水、排水措施,按规定在模板支撑立柱底部采用具有足够强度和刚度的垫板。

1. 支撑体系的构造要求

支撑架搭设高度不宜超过 24m。高宽比不宜大于 3,当高宽比大于 3 时,应设置缆风绳或连墙件。

1)扣件式钢管模板支撑架的构造要求

(1)扫地杆、水平拉杆、剪刀撑宜采用 $\phi 48.3mm \times 3.6mm$ 钢管,用扣件与钢管立杆扣牢。扫地杆、水平杆宜采用搭接,剪刀撑应采用搭接,搭接长度不得小于 1 000mm,并应采用不少于 2 个旋转扣件分别在离杆端不小于 100mm 处进行固定。

(2)立杆接长严禁搭接,必须采用对接扣件连接,相邻两立杆的对接接头不得在同步内,且对接接头沿竖向错开的距离不宜小于 500mm,各接头中心距主节点不宜大于步距的1/3。严禁将上段的钢管立杆与下段的钢管立杆错开固定在水平拉杆上。

(3)当在立杆底部或顶部设置可调托座时,其调节螺杆的伸缩长度不应大于 200mm。

(4)立杆的纵横杆距离不应大于 1 200mm。对高度超过 8m,或跨度超过 18m,或施工总荷载大于 15kN/m²,或集中线荷载大于 20kN/m 的模板支架,立杆的纵横距离除满足设计要求外,不应大于 900mm。

(5)模板支架步距,应满足设计要求,且不应大于 1.8m。

(6)主节点处必须设置一根横向水平杆,用直角扣件扣接且严禁拆除。每步的纵横向水平杆应双向拉通。

(7)模板支架应按下列规定设置剪刀撑。

① 模板支架四周应满布竖向剪刀撑,中间每隔 4 排立杆设置一道纵横向竖向剪刀撑,由底至顶连续设置。

② 模板支架四边与中间每隔 4 排立杆从顶层开始向下每隔 2 步设置一道剪刀撑。

③ 钢管立柱底部应设厚度不小于50mm的垫木和底座,顶部宜采用可调支托,U形支托与楞梁两侧间如有间隙,必须楔紧,其螺杆伸出钢管顶部不得大于200mm,螺杆外径与立柱钢管内径的间隙不得大于3mm。

④ 在立柱底部距地面200mm高处,沿纵横水平方向应按纵下横上的顺序设扫地杆。当立柱底部不在同一高度时,高处的纵向扫地杆应向低处延长不少于2跨,高低差不得大于1m,立柱距边坡上方边缘不得小于0.5m。

⑤ 可调支托底部的立柱顶端应沿纵横向设置一道水平拉杆。扫地杆与顶部水平拉杆之间的间距,在满足模板设计所确定的水平拉杆步距要求条件下,进行平均分配确定步距后,在每一步距处纵横向应各设一道水平拉杆。当建筑层高在8~20m时,在最顶步距两水平拉杆中间应加设一道水平拉杆;当建筑层高大于20m时,在最顶两步距水平拉杆中间应分别增加一道水平拉杆。所有水平拉杆的端部均应与四周建筑物顶紧顶牢。无处可顶时,应在水平拉杆端部和中部沿竖向设置连续式剪刀撑。

⑥ 满堂模板和共享空间模板支架立柱,在外侧周围应设由下至上的竖向连续式剪刀撑;中间在纵横向应每隔10m左右设由下至上的竖向连续式剪刀撑,其宽度宜为4~6m,并在剪刀撑部位的顶部、扫地杆处设置水平剪刀撑。剪刀撑杆件的底端应与地面顶紧,夹角宜为45°~60°。当建筑层高在8~20m时,除应满足上述规定外,还应在纵横向相邻的两竖向连续式剪刀撑之间增加之字斜撑,在有水平剪刀撑的部位,应在每个剪刀撑中间处增加一道水平剪刀撑。当建筑层高超过20m时,在满足以上规定的基础上,应将所有之字斜撑全部改为连续式剪刀撑。

2) 碗扣式钢管模板支撑架的构造要求

(1) 模板支撑应根据所承受的荷载选择立杆的间距和步距。底层纵横向水平杆作为扫地杆时,距地面高度不应大于350mm。立杆底部应设置可调底座或固定底座。立杆上端包括可调螺杆伸出顶层水平杆的长度不应大于0.7m。

(2) 模板支撑架四周从底到顶连续设置竖向剪刀撑;中间纵横向由底至顶连续设置竖向剪刀撑,其间距应小于或等于4.5m。

(3) 剪刀撑的斜杆与地面夹角应在45°~60°,斜杆应每步与立杆拉结。

(4) 当模板支撑架高度大于4.8m时,顶端和底部必须设置水平剪刀撑,中间水平剪刀撑设置间距应小于或等于4.8m。

3) 门式钢管模板支撑架的构造要求

(1) 门架的跨距与间距应根据支架的高度、荷载由计算和构造要求确定,跨距不宜超过1.5m,净间距不宜超过1.2m。

(2) 门架立杆上宜设置托座和托梁。支撑架宜采用调节架、可调托座调整高度。可调托座调节螺杆高度不宜超过150mm。

(3) 支撑架底部应设置纵向、横向扫地杆,在每步门架两侧立杆上应设置纵向、横向水平加固杆,并应采用扣件与门架立杆扣紧。

(4) 支撑架在四周和内部纵横向应与建筑结构柱、墙进行刚性连接,连接点应设在水平剪刀撑或水平加固杆设置层,并应与水平杆连接。

(5) 支撑架应设置剪刀撑对架体进行加固。在支架的外侧周边及内部纵横向每隔6~8m,应由底至顶设置连续竖向剪刀撑;搭设高度8m及以下时,在顶层应设置连续的水平剪刀撑;搭设高度超过 8m 时,在顶层和竖向每隔 4 步及以下应设置连续的水平剪刀撑;水平剪刀撑宜在竖向剪刀撑斜杆交叉层设置。

2. 模板及支撑体系安装

模板及支撑体系安装顺序及安全措施应按专项施工方案进行施工。支撑架基础承载力应满足要求,并应有排水措施。垫板应有足够强度和支撑面积,且应中心承载。模板及其支架在安装过程中,必须设置有效防倾覆的临时固定设施。当模板安装高度超过 3m 时,必须搭设脚手架。

现浇多层或高层房屋和构筑物,安装上层模板及其支架应符合下列规定。

(1) 下层楼板应具有承受上层施工荷载的承载能力。当下层楼板承载力不能满足上层施工荷载时,应予以加固。

(2) 上层支架立柱应对准下层支架立柱,并应在立柱底铺设垫板。

模板支撑架不得与脚手架、操作架等混搭。严禁在模板支撑架上固定、架设混凝土泵、泵管及起重设备等。

3. 模板及支撑体系拆除

模板及支撑体系拆除应按专项施工方案进行施工。拆除前应经项目技术负责人和监理工程师批准,模板拆除的时间应符合《混凝土结构工程施工质量验收规范》(GB 50204—2015)的有关规定执行。混凝土未达到规定拆模强度时,不得拆除支撑架。模板的拆除作业区应设围栏。作业区内不得有其他工程作业,并应设专人负责监护。严禁非操作人员入内。

模板和支撑架的拆除顺序宜采取先支的后拆、后支的先拆、先拆非承重模板、后拆承重模板,并应从上而下进行拆除,严禁上下同时作业。分段拆除高差不应大于 2 步。连墙件必须随支撑架逐层拆除。拆除作业过程中,当架体的自由高度大于两步时,必须加设临时拉结。

高处拆除模板时,应符合高处作业的有关规定。拆下的模板、杆件及构配件应及时运至地面,严禁抛扔,不得集中堆放在未拆架体上。

4.1.3 脚手架工程

脚手架包括落地式脚手架、悬挑式脚手架和附着式升降脚手架。可采用钢管扣件、门架、碗扣架等搭设。严禁使用竹木脚手架、扣件式钢管悬挑卸料平台、

视频:湖南版扣件式脚手架安全标准化仿真教学　视频:湖南版门式脚手架安全标准化仿真教学　视频:湖南版满堂脚手架安全标准化仿真教学

钢管悬挑式脚手架,严禁混搭,严禁不同受力性质的架体连接在一起,严禁采用单排脚手架。

脚手架搭设(拆除)前应对搭设(拆除)人员进行安全技术交底。搭设后应组织验收,办理验收手续。验收不合格的,应在整改完毕后重新组织验收。验收合格并挂合格牌后方可使用。应对脚手架进行定期和不定期检查。

1. 施工方案

施工单位应在脚手架施工前编制脚手架施工专项方案,专项方案应有针对性,能有效地指导施工,明确安全技术措施。其主要内容应包括以下几点。

(1) 工程概况:工程项目的规模、相关单位的名称情况、计划开竣工日期等。

（2）编制依据：相关法律、法规、规范性文件、标准、规范及图纸（国标图集）、施工组织设计等。

（3）计算书及相关图纸：应有设计计算书及卸荷方法详图，绘制架体与建筑物拉结详图、现场杆件立面、平面布置图及剖面图、节点详图，并说明脚手架基础做法。

（4）施工计划：包括施工进度计划、材料与设备计划。

（5）施工工艺技术：技术参数、工艺流程、施工方法、检查验收等。

（6）施工安全保证措施：组织保障、技术措施、应急预案、监测监控等。

（7）劳动力计划：专职安全生产管理人员、特种作业人员等。

悬挑式脚手架专项施工方案中应对挑梁、钢索、吊环、压环、预埋件、焊缝及建筑结构的承载能力进行计算。悬挑梁应作为悬臂结构计算，不得考虑钢丝绳对悬臂结构的受力。同时应考虑压环破坏时钢丝绳作为受力构件进行验算。

专项施工方案应当由施工单位技术部门组织本单位施工技术、安全、质量等部门的专业技术人员进行审核。经审核合格的，由施工单位技术负责人审批签字。实行施工总承包的，专项方案应当由总承包单位技术负责人及相关专业承包单位技术负责人审批签字。经施工单位审批合格后报监理单位，由项目总监理工程师审批签字。合格后方可按此专项施工方案进行现场施工。

搭设高度50m及以上落地式钢管脚手架、架体高度20m及以上的悬挑式脚手架和提升高度150m及以上的附着式整体和分片提升脚手架工程的专项方案应当由施工单位组织召开专家论证会。实行施工总承包的，由施工总承包单位组织召开专家论证会。

施工单位应当严格按照专项方案组织施工，不得擅自修改、调整专项方案。如因设计、结构、外部环境等因素发生变化确需要调整的，修改后的专项方案应重新审核审批。需要专家论证的，应当重新组织专家进行论证。

2. 脚手架材质

钢管脚手架宜采用外径48.3mm，壁厚3.6mm的Q235钢管，表面平整光滑，无锈蚀、裂纹、分层、压痕、划道和硬弯，新用钢管有出厂合格证。搭设架子前应进行保养、除锈并统一涂色，颜色应力求美观。严禁使用壁厚小于3.0mm的钢管。

钢管脚手架搭设使用的扣件应符合《钢管脚手扣件标准》（GB 15831—2006）的规定。扣件应有生产许可证，规格与钢管匹配，采用可锻铸铁，不得有裂纹、气孔、缩松、砂眼等锻造缺陷，贴和面应平整，活动部位灵活，夹紧钢管时开口处最小距离不小于5mm。扣件式钢管脚手架扣件，在螺栓拧紧扭力矩达65N·m时，不得发生破坏。

3. 使用要求

施工荷载均匀分布，施工总荷载应满足施工方案要求，不得超载使用。一般结构脚手架不得超过$3.0kN/m^2$，装饰脚手架不得超过$2.0kN/m^2$。建筑垃圾或废弃的物料必须及时清除。

作业层上的施工荷载应符合设计要求，不得超载。不得将模板支架、缆风绳、泵送混凝土和砂浆的输送管固定在脚手架上，严禁悬挂起重设备。

4. 落地式脚手架

1）立杆基础设置规定

（1）基础应平整夯实，表面应进行混凝土硬化。落地立杆应垂直稳放在金属底座或坚固底板上。

（2）立杆下部应设置纵横扫地杆。纵向扫地杆应采用直角扣件固定在距底座上面不大于 200mm 处的立杆上,横向扫地杆应采用直角扣件固定在紧靠纵向扫地杆下方的立杆上。当立杆基础不在同一高度上时,必须将高处的纵向扫地杆向低处延长两跨与立杆固定,高低差不应大于 1m。靠边坡上方的立杆轴线到边坡的距离不应小于 500mm。

（3）立杆基础外侧应设置截面不小于 200mm×200mm 的排水沟,保持立杆基础不积水,并在外侧 800mm 宽范围内采用混凝土硬化。

（4）外脚手架不宜支设在屋面、雨篷、阳台等处。确因需要,应分别对屋面、雨篷、阳台等部位的结构安全性进行验算,并在专项施工方案中明确。

（5）当脚手架基础下有设备基础、管沟时,在脚手架使用过程中不应开挖。当必须开挖时,应采取加固措施。

2）立杆搭设规定

（1）钢管脚手架底步步距高度不大于 2m,其余不大于 1.8m,立杆纵距不大于 1.8m,横距不大于 1.5m。横距宜为 0.85m 或 1.05m。

（2）搭设高度超过 25m 须采用双立杆或缩小间距的方法搭设,双立杆中的副立杆的高度不应低于 3 步,且不少于 6m。

（3）底步立杆必须设置纵横向扫地杆,纵向扫地杆宜采用直角扣件固定在距底座上方不大于 200mm 的立杆上,横向扫地杆也应用直角扣件固定在纵向扫地杆下方的立杆上。

（4）底排立杆、扫地杆、剪刀撑均漆黄黑或红白相间色。

3）杆件设置规定

（1）脚手架立杆与纵向水平杆交点处应设置横向水平杆,两端固定在立杆上,确保安全受力。

（2）立杆接长除在顶层顶步可采用搭接外,其余各层各步必须采用对接。搭接时搭接长度不小于 1m,且不少于 3 只旋转扣件紧固。

（3）在脚手架使用期间,严禁拆除主节点处的纵横向水平杆。

（4）纵向水平杆宜设置在立杆内侧,其长度不宜小于 3 跨。

（5）纵向水平杆接长宜采用对接扣件连接,也可采用搭接。当采用对接扣件连接时,纵向水平杆的对接扣件应交错布置。当采用搭接时,纵向水平杆搭接长度不应小于 1m,应等间距设置 3 只旋转扣件固定,端部扣件盖板边缘至搭接纵向水平杆杆端的距离不应小于 100mm。

（6）横向水平杆两端各伸出扣件盖板边缘长度不应少于 100mm,并应尽量保持一致。

（7）相邻杆件搭接、对接必须错开一个挡距,同一平面上的接头不得超过 50%。

4）剪刀撑与横向斜撑设置规定

（1）剪刀撑应从底部边角沿长度和高度方向连续设置至顶部。

（2）剪刀撑斜杆应与立杆或横向水平杆的伸出端进行连接。斜杆的接长应采用搭接,倾角为 45°～60°(优先采用 45°),每道剪刀撑跨越立杆根数为 5～7 根,宽度不应小于 4 跨,且不应小于 6m。

（3）一字形、开口形双排脚手架的两端均应设置横向斜撑;中间宜每隔 6 跨设置一道横向斜撑。

（4）剪刀撑、横向斜撑搭设应随立杆、纵横向水平杆等同步搭设。

（5）剪刀撑应采用搭接，搭接长度不小于 1m，且不少于 3 只旋转扣件紧固。

5）脚手片与防护栏杆规定

（1）外脚手架脚手片应每步满铺。

（2）脚手片应垂直墙面横向铺设。脚手片应满铺到位，不留空位。

（3）脚手片应采用 18♯ 铅丝双股并联 4 角绑扎牢固，交接处平整，无探头板。脚手片破损时应及时更换。

（4）脚手架外侧应采用合格的密目式安全网封闭。安全网应采用 18♯ 铅丝固定在脚手架外立杆内侧。

（5）脚手架外侧每步设 180mm 挡脚板（杆），在高 0.6m 与 1.2m 处各设一道同材质的防护栏杆。脚手架内侧形成临边的，应按脚手架外侧防护做法。

（6）平屋面脚手架外立杆应高于檐口上方 1.2m。坡屋面脚手架外立杆应高于檐口上方 1.5m。

6）架体与建筑物拉结规定

（1）连墙件宜靠近主节点设置，偏离主节点的距离不应大于 300mm，当大于 300mm 时，应有加强措施。当连墙件位于立杆步距的 1/2 附近时，须予以调整。

（2）连墙件应从底层第一步纵向水平杆处开始设置，当该处设置有困难时，应采用其他可靠固定措施。连墙件宜菱形布置，也可采用方形、矩形布置。

（3）连墙件应采用刚性连墙件与建筑物连接。

（4）连墙杆宜水平设置，当不能水平设置时，与脚手架连接的一端应向下斜连接，不应采用向上斜连接。

（5）连墙件间距应符合专项施工方案的要求，水平方向不应大于 3 跨，垂直方向不应大于 3 步，也不应大于 4m（架体高度在 50m 以上时不应大于 2 步）。连墙件在建筑物转角 1m 以内和顶部 800mm 以内应加密。

（6）一字形、开口形脚手架的两端必须设置连墙件，连墙件的垂直间距不应大于建筑物的层高，并不应大于 4m 或 2 步。

（7）脚手架应配合施工进度搭设，一次搭设高度不应超过相邻连墙件以上 2 步。

（8）在脚手架使用期间，严禁拆除连墙件。连墙件必须随脚手架逐层拆除，严禁先将连墙件整层或数层拆除后再拆脚手架；分段拆除高差不应大于 2 步，如高差大于 2 步，应增设连墙件加固。

（9）因施工需要需拆除原连墙件时，应采取可靠、有效的临时拉结措施，以确保外架安全可靠。

（10）架体高度超过 40m 且有风涡流作用时，应采取抗上升翻流作用的连墙措施。

7）架体内封闭规定

（1）脚手架内立杆距墙体净距一般不应大于 200mm。当不能满足要求时，应铺设站人片。站人片设置应平整牢固。

（2）脚手架在施工层及以下每隔 3 步与建筑物之间应进行水平封闭隔离，首层及顶层应设置水平封闭隔离。

8）外脚手架设置上下走人斜道规定

（1）斜道附着搭设在脚手架的外侧，不得悬挑。斜道的设置应为来回上折形，坡度不应大于1∶3,宽度不应小于1m,转角处平台面积不宜小于3m²。斜道立杆应单独设置,不得借用脚手架立杆,并应在垂直方向和水平方向每隔一步或一个纵距设一连接。

(2)斜道两侧及转角平台外围均应设180mm挡脚板(杆),在高0.6m与1.2m处各设一道同材质的防护栏杆,并用合格的密目式安全网封闭。

(3)斜道侧面及平台外侧应设置剪刀撑。

(4)斜道脚手片应采用横铺,每隔300mm设一防滑条。防滑条宜采用20mm×40mm方木,并多道铅丝绑扎牢固。

9)门洞(八字撑)搭设规定

(1)脚手架门洞口宜采用上升斜杆、平行弦桁架结构形式,斜杆与地面倾角应在45°~60°。

(2)八字撑杆宜采用通长杆。

(3)八字撑杆应采用旋转扣件规定在与之相交的小横杆伸出端或跨间小横杆上。

(4)门洞桁架下的两侧立杆应为双立杆,副立杆高度应高于门洞1~2步。

(5)门洞桁架中伸出上下弦杆的杆件端头,均应设一个防滑扣件。防滑扣件宜紧靠主节点处的扣件。

5. 悬挑式脚手架

1)悬挑式脚手架选用材料要求

(1)悬挑式脚手架的悬挑梁宜采用双轴对称截面的型钢,钢梁截面高度不应小于160mm。

(2)选用的型钢应有产品质量合格证,严禁使用锈蚀或变形严重、有裂缝的型钢。

视频:湖南版悬挑脚手架安全标准化仿真教学

(3)拉索式悬挑式脚手架所用的钢丝绳出现下列情况之一的不得使用。

① 断丝严重、断丝局部聚集、绳股断裂。

② 内外部磨损或腐蚀的。

③ 绳股挤出、钢丝挤出、扭结、弯折、压扁等变形的。

(4)螺栓连接件变形、磨损、锈蚀严重和螺栓损坏的,不得使用。

(5)斜撑式悬挑式脚手架的斜撑梁不得锈蚀、变形严重、开裂。

(6)预埋钢筋扣环和拉环应采用热轧光圆钢筋,直径不小于16mm,具体规格由方案计算确定。

(7)钢管、扣件、安全网、脚手片等其他材料的材质,按照落地式脚手架的条文规定。

2)悬挑梁设置要求

(1)悬挑梁与建筑结构连接应采用水平形式,固定在建筑梁板混凝土结构上,水平锚固段应大于悬挑段的1.25倍,与建筑物连接可靠。

(2)悬挑梁和建筑物的固定可采用两道及以上预埋U形圆钢或螺栓扣环,两道预埋的扣环应设置在悬挑梁的端部。预埋U形拉环应使用HPB235级钢筋,其直径不宜小于20mm。

(3)采用预埋U形圆钢扣环的,应在悬挑梁调整好位置后用铁楔从两个不同方向楔紧,并固定。采用预埋U形螺栓扣环的,应在悬挑梁调整好位置后用铁质压板双螺母固定,螺栓丝口外露不应少于3扣。

（4）悬挑式脚手架的拉索柔性材料仅做安全储备措施，不得做悬挑结构的受力构件。

（5）拉索的预埋U形圆钢拉环宜预埋在建筑物梁底或梁侧。U形圆钢拉环预埋处的混凝土达到拆模条件时方可悬拉拉索。

（6）预埋U形圆钢扣环、拉环埋入混凝土的锚固长度不应小于30d，并应焊接或绑扎在主筋上。

3）悬挑式脚手架的搭设要求

（1）悬挑式脚手架每段搭设高度不宜大于18m。

（2）悬挑式脚手架立杆底部与悬挑型钢连接应有固定措施，防止滑移。

（3）悬挑架步距不应大于1.8m。立杆纵向间距不应大于1.5m。

（4）悬挑式脚手架的底层和建筑物的间隙必须封闭防护严密，以防坠物。

（5）与建筑主体结构的连接应采用刚性连墙件。连墙件间距水平方向不应大于6m，垂直方向不应大于4m。

（6）悬挑式脚手架在下列部位应采取加固措施。

① 架体立面转角及一字形外架两端处。

② 架体与塔吊、电梯、物料提升机、卸料平台等设备需要断开或开口处。

③ 其他特殊部位。

（7）悬挑式脚手架的其他搭设要求，按照落地式脚手架规定执行。

6. 附着式升降脚手架

附着式升降脚手架施工前应编制专项安全施工方案。方案应当由专业施工单位组织编制，由专业施工单位技术负责人审批签字。实行施工总承包的，专项方案应当由总承包单位技术负责人及专业承包单位技术负责人审批签字，报项目总监理工程师审核后实施。

视频：湖南版附着式脚手架安全标准化仿真教学

提升高度150m及以上附着式整体和分片提升脚手架工程的专项方案应当由施工单位组织召开专家论证会。实行施工总承包的，由施工总承包单位组织召开专家论证会。

1）附着式升降脚手架使用条件

（1）进入施工现场的附着式升降脚手架产品应具有国务院建设行政主管部门组织鉴定或验收的合格证书。

（2）附着式升降脚手架的附着支承结构、防倾防坠落装置等关键部件构配件应有可追溯性标识，出厂时应提供原生产厂家的出厂合格证。

（3）从事附着式升降脚手架工程的专业施工单位应具有相应资质证书。安装拆卸人员应具有特种作业操作证。

2）附着式升降脚手架结构构造的尺寸规定

（1）架体结构高度不应大于5倍楼层高。

（2）架体宽度不应大于1.2m。

（3）直线布置的架体支承跨度不应大于7m，折线或曲线布置的架体，相邻两主框架支承点处架体外侧距离不应大于5.4m。

（4）整体附着式升降脚手架架体的水平悬挑长度不得大于2m和1/2水平支承跨度；单片附着式升降脚手架架体的水平悬挑长度不得大于1/4水平支承跨度。

（5）架体全高与支承跨度的乘积不应大于 $110m^2$。

3）附着式升降脚手架架体结构规定

（1）应在附着支承结构部位设置与架体高度相等的与墙面垂直的定型竖向主框架，竖向主框架应是桁架或刚架结构。竖向主框架结构构造应符合《建筑施工工具式脚手架安全技术规范》(JGJ 202—2010)的相关规定。

（2）竖向主框架的底部应设置水平支承桁架，其宽度应与主框架相同，平行于墙面，其高度不宜小于 1.8m。水平支承桁架结构构造应符合《建筑施工工具式脚手架安全技术规范》(JGJ 202—2010)的相关规定；水平支承桁架最底层应设置脚手板，并应铺满铺牢，与建筑物墙面之间也应设置脚手板全封闭，宜设置翻转的密封翻板。

（3）架体悬臂高度不得大于架体高度的 2/5，且不得大于 6m。

附着式升降脚手架附着支承结构应采用原厂制造的产品。当现场条件不能满足安装要求时，应进行专项设计并经批准后方可安装使用。

4）随着式升降脚手架附着支承结构规定

附着式升降脚手架附着支承结构应包括附墙支座、悬臂梁及斜拉杆，其构造应符合下列规定。

（1）竖向主框架覆盖的每一楼层处应设置一道附墙支座；附着支承结构应按设计图纸设置。

（2）在使用工况时，应将竖向主框架固定于附墙支座上。

（3）在升降工况时，附墙支座上应设有防倾导向的结构装置。

（4）附着支承结构应采用锚固螺栓与建筑物连接，受拉螺栓的螺母不得少于 2 个或应采用弹簧垫片加单螺母，螺杆露出螺母端部的长度不应少于 3 扣，且不得小于 10mm，垫板尺寸应由设计确定，且不得小于 100mm×100mm×10mm。

（5）对附着支承结构与工程结构连接处混凝土的强度应按设计要求确定，不得小于 C15。

附着式升降脚手架必须具有防倾覆、防坠落和同步升降控制的安全装置。防倾覆装置必须与竖向主框架、附着支承结构或工程结构可靠连接。防坠落装置应设置在竖向主框架处并附着在建筑结构上，每一升降点不得少于一个防坠落装置。防倾覆装置、防坠落装置、同步升降控制装置应符合《建筑施工工具式脚手架安全技术规范》(JGJ 202—2010)的相关规定。

5）附着式升降脚手架安装要求

（1）在首层安装前应设置安装平台，安装平台应有保障施工人员安全的防护设施，安装平台的水平精度和承载能力应满足架体安装的要求。

（2）安装时应符合下列规定。

① 相邻竖向主框架的高差应不大于 20mm。

② 竖向主框架和防倾导向装置的垂直偏差应不大于 5‰，且不得大于 60mm。

③ 预留穿墙螺栓孔和预埋件应垂直于建筑结构外表面，其中心误差应小于 15mm。

④ 连接处所需要的建筑结构混凝土强度应由计算确定，且不得小于 C15。

⑤ 升降机构连接应正确且牢固可靠。

⑥ 安全控制系统的设置和试运行效果符合设计要求。

⑦升降动力设备工作正常。

（3）附着支承结构的安装应符合设计要求，不得少装和使用不合格螺栓及连接件。

（4）安全保险装置应全部合格，安全防护设施应齐备，且应符合设计要求，并应设置必要的消防设施。

（5）电源、电缆及控制柜等的设置应符合现行行业标准《施工现场临时用电安全技术规范》(JGJ 46—2005)的有关规定。

（6）采用扣件式脚手架搭设的架体构架，其构造应符合现行行业标准《建筑施工扣件式钢管脚手架安全技术规范》(JGJ 130—2011)的要求。

（7）升降设备、同步控制系统及防坠落装置等专项设备，均应采用同一厂家产品。

（8）升降设备、控制系统、防坠落装置等应采取防雨、防砸、防尘等措施。

6）附着式升降脚手架的升降操作规定

（1）附着式升降脚手架每次升降前，应按规范要求进行检查，经总承包单位、分包单位、租赁单位、安装拆卸单位共同检查合格后，方可进行升降作业。

（2）升降操作应按升降作业程序和操作规程规定进行作业；操作人员不得停留在架体上；升降过程中不得有施工荷载；所有妨碍升降的障碍物应拆除；所有影响升降作业的约束应解除。

（3）各相邻提升点间的高差不得大于30mm，整体架最大升降差不得大于80mm。

（4）升降过程中应实行统一指挥、规范指令。升降指令只能由总指挥一人下达；当有异常情况出现时，任何人均可立即发出停止指令。

（5）当采用环链葫芦作升降动力时，应严密监视其运行情况，及时排除翻链、铰链和其他影响正常运行的故障。

（6）当采用液压升降设备做升降动力时，应排除液压系统的泄漏、失压、颤动、油缸爬行和不同步等问题和故障，确保正常工作。

（7）架体升降到位后，应及时按使用状况要求进行附着固定。在没有完成架体固定工作前，施工人员不得擅自离岗或下班。

（8）附着式升降脚手架架体升降到位固定后，应按规范要求进行检查验收，合格后方可使用；遇5级及以上大风和大雨、大雪、浓雾和雷雨等恶劣天气时，不得进行升降作业。

7）附着式升降脚手架使用规定

（1）应按照设计性能指标进行使用，不得随意扩大使用范围；架体上的施工荷载必须符合设计规定，不得超载，不得放置影响局部杆件安全的集中荷载。

（2）架体内的建筑垃圾和杂物应及时清理干净。

（3）附着式升降脚手架在使用过程中不得进行下列作业。

①利用架体吊运物料。

②在架体上拉结吊装缆绳（或缆索）。

③在架体上推车。

④任意拆除结构件或松动连接件。

⑤拆除或移动架体上的安全防护设施。

⑥利用架体支撑模板或卸料平台。

⑦其他影响架体安全的作业。

8）附着式升降脚手架使用规定

（1）当附着式升降脚手架停用超过 3 个月时，应提前采取加固措施。

（2）当附着式升降脚手架停用超过 1 个月或遇 6 级及以上大风后复工时，应进行检查，确认合格后方可使用。

（3）螺栓连接件、升降设备、防倾覆装置、防坠落装置、电控设备同步升降控制装置等应每月进行维护保养。

9）附着式升降脚手架拆除规定

（1）附着式升降脚手架的拆除工作应按专项施工方案及安全操作规程的有关要求进行。

（2）拆除前必须对拆除作业人员进行安全技术交底。

（3）拆除时应有可靠的防止人员与物料坠落的措施，拆除的材料及设备不得抛扔。

（4）拆除作业应在白天进行。遇 5 级及以上大风和大雨、大雪、浓雾和雷雨等恶劣天气时，不得进行拆卸作业。

7. 卸料平台的相关规定

（1）卸料平台应进行设计计算并编制专项施工方案。

（2）卸料平台应按照专项施工方案搭设。卸料平台应有独立的支撑系统，严禁与脚手架、支模架、垂直运输机械等连接。

（3）卸料平台应采用厚 40mm 以上木板铺设，并设有防滑条。

（4）外脚手架吊物卸料平台应制作定型化、工具化，通过 4 根匹配的钢丝索与预埋的钢筋吊环可靠拉结，自成受力系统，预埋的钢筋吊环要保证锚固长度，混凝土强度应达到100%。严禁使用扣件式钢管搭设悬挑卸料平台。

（5）落地式卸料平台可以由钢管搭设，但必须单独搭设，自成受力系统，严禁和脚手架混搭。基础必须牢固、可靠，承载力应满足使用要求。

（6）卸料平台必须设置限载牌及安全警示牌。

（7）卸料平台临边应防护到位。

4.2 建筑施工机械安全的检查验收

4.2.1 物料提升机

物料提升机制造单位必须具有特种设备制造许可证，其产品应具有特种设备制造监检证书；安装单位应具备起重设备安装工程专业承包资质和安全生产许可证；安装拆卸人员必须持有特种作业操作资格证。

由安装单位编制物料提升机安装拆卸工程专项施工方案，经安装单位技术负责人批准后，报送施工总承包单位、监理单位审核。安装单位对物料提升机月检不少于2次，使用单位、租赁单位和监理单位应派人员参加。

施工现场使用物料提升机，最大安装高度不宜超过 36m。

视频：物料提升机安全标准化仿真教学

1．安全装置

物料提升机必须具有防坠安全器、起重量限制器、对重防松断绳保护装置、安全停层装置、上下限位装置、缓冲器等。所有安全装置必须齐全、灵敏、可靠。在便于司机操作的位置必须设置紧急断电开关。

2．基础及导轨架

（1）基础应进行专项设计，应有设计计算书和施工图。基础周边应有排水设施。

（2）导轨架与建筑结构连接应符合下列规定。

① 物料提升机应设置保证导轨架稳定性和垂直度的附墙架。

② 附墙架间距应符合使用说明书的要求，并不得大于 6m。在建筑物的顶层必须设置1组，导轨架顶部的自由高度不得大于 6m。

③ 附墙架与导轨架及建筑物之间应采用刚性连接，连接可靠并形成稳定结构。附墙架杆件不得连在脚手架上，杆件应可调节长（短），具体做法应进行设计并有施工图。

（3）暂时无法安装附墙架时，可采用缆风绳稳固导轨架。缆风绳设置应符合下列规定。

① 每一组 4 根缆风绳与导轨架的连接点应在同一水平高度，且应对称设置；缆风绳与导轨架的连接处应采取防止钢丝绳受剪破坏的措施。

② 缆风绳宜设置在导轨架的顶部；当中间设置缆风绳时，应采取增加导轨架刚度的措施。

③ 缆风绳与水平面的夹角宜在 45°～60°，并应采用与缆风绳等强度的花篮螺栓与地锚连接。

④ 当物料提升机安装高度大于等于 30m 时，不得使用缆风绳。

3．楼层卸料平台及地面防护

楼层卸料平台应有设计施工图。卸料平台必须独立设置，满足稳定性要求，层高不应小于 2m，两侧应有不低于 1.2m 防护栏板。平台板采用 4cm 厚木板或防滑钢板，铺设严密。楼层卸料平台必须设置防护门。防护门应定型化、工具化，高度不低于 1.8m，防护门锁止装置应采用碰撞闭合装置，不得采用插销，并有防止外开的措施。

地面防护围栏高度不应小于 1.8m，围栏门应具有电气安全开关。进料口上方搭设防护棚。防护棚应在架体三面设置，低架宽度不应小于 3m，高架不小于 5m；防护棚应设置两层，上下层间距不应小于 60cm，采用脚手片的，上下层应垂直铺设。

4．吊笼

吊笼顶采用钢板网的，应在钢板网上方铺设一道防护板，其强度应能防止上部物体穿透。吊笼进出料门应定型化、工具化，并设有电气安全开关。吊笼与升降机导轨架的颜色应有明显的区别。严禁人员乘坐吊笼上下。

5．安装、拆卸及验收

物料提升机安装、拆卸前应办理告知手续。物料提升机安装或拆卸前应进行安全技术交底并有书面记录；安全技术交底宜在安装或拆卸日进行，并履行签字手续。

进入现场的安装拆卸作业人员应佩戴安全防护用品，高处作业人员应系安全带，穿防滑鞋。作业人员严禁酒后作业。安装、拆卸作业应统一指挥，分工明确。严格按专项施工方案和使用说明书的要求，顺序作业。危险部位安装或拆卸时应采取可靠的防护措施。应使用对讲机等通信工具进行指挥。

当遇大雨、大雪、大雾等恶劣天气及 4 级以上大风时,应停止安装、拆卸作业。

物料提升机验收合格后,应悬挂验收合格标志牌、限载重量牌和安全警示标志牌等。验收资料应包括物料提升机产权备案表、安装或拆卸告知表、安装单位资质证书和安全生产许可证、特种作业人员上岗证、安装或拆卸专项方案、基础及附墙架设计计算书和施工图、检测报告、安装验收书、使用说明书、安装或拆卸合同、安全协议和设备租赁合同等。

1) 安装作业规定

(1) 安装井架式导轨架,应有可靠的作业平台;杆件等材料上下传送,宜采用机具设备。

(2) 每次加节完毕后,应对导轨架的垂直度进行校正,且应按规定及时重新设置行程限位和极限限位,经验收合格后方能运行。

(3) 导轨架安装精度:导轨架轴心线对水平基准面的垂直度偏差不应大于导轨架高度的 0.15%;吊笼导轨对接阶差不应大于 1.5mm;对重导轨和防坠安全器导轨对接阶差不应大于 0.5mm;标准节截面内,两对角线长度偏差不应大于最大边长的 0.3%。

(4) 导轨架自由端高度、附墙架形式、附着高度、附墙架与水平面之间的夹角等均应符合使用说明书的要求。

(5) 连接件和连接件之间的防松防脱件应符合使用说明书的规定,不得用其他物件代替。对有预紧力要求的连接螺栓,应使用扭力扳手或专用工具,紧固到规定的扭矩值。

(6) 钢丝绳在卷筒上应整齐排列,端部应与卷筒压紧装置连接牢固。当吊笼处于最低位置时,卷筒上的钢丝绳不应少于 3 圈。

(7) 卷扬机卷筒与导向滑轮中心线应垂直对正,钢丝绳出绳偏角大于 2°时应设置排绳装置。

(8) 架体上不得装设摇臂把杆。

2) 拆卸作业规定

(1) 拆除作业前,应对物料提升机的导轨架、附墙架等部位进行检查,确认无误后方能进行拆除作业。

(2) 拆卸附墙架时物料提升机导轨架的自由高度应始终满足使用说明书的要求。

(3) 拆除作业应先挂吊具、后拆除附墙架或缆风绳及地脚螺栓。拆除作业中,不得抛掷构件。

(4) 物料提升机拆卸应连续作业。当拆卸作业不能连续完成时,应根据拆卸状态采取相应的安全措施。

(5) 夜间不得进行施工升降机的拆卸作业。

3) 安装验收

(1) 物料提升机安装完毕,安装单位应进行自检,自检合格后报检测机构检测,检测合格后由施工总承包单位组织安装单位、使用单位、租赁单位和监理单位验收。在 30 日内报当地建设主管部门使用登记。登记标志应当置于或者附着于该设备的显著位置。

(2) 安装验收书各项检查项目应数据量化、结论明确。施工总承包单位、安装单位、租赁单位、使用单位和监理单位验收人均应签字确认。

6. 使用管理

物料提升机司机必须持有特种作业上岗证。每班作业前,按规定日检、试车;使用期间,安装单位或租赁单位应按使用说明书的要求对物料提升机定期进行保养。

不得装载超出吊笼空间的超长物料,不得超载运行。当发生防坠安全器制停吊笼的情况时,应查明制停原因,排除故障,并应检查吊笼、导轨架及钢丝绳,应确认无误并重新调整防坠安全器后运行。作业结束后,应将吊笼返回最底层停放,控制开关应扳至零位,并应切断电源,锁好开关箱。

7. 可视安全系统与操作室

物料提升机应安装、使用可视安全系统。导轨架外侧应有明显的楼层标志。宜采用有语音对讲系统,确保司机与各楼层之间可靠联络。物料提升机应搭设操作室,操作室应定型化、工具化,高度不低于2.5m,并有安全防护和防雨的双重防护。

8. 电气与避雷

物料提升机的总电源应设置短路保护及漏电保护装置,电动机的主回路应设置失压及过电流保护装置。物料提升机电气设备的绝缘电阻值不应小于0.5MΩ,电气线路的绝缘电阻值不应小于1MΩ。物料提升机金属结构和电气设备金属外壳均应接地,接地电阻不应大于4Ω。

工作照明开关应与主电源开关相互独立。当主电源被切断时,工作照明不应断电,并应有明显标志。

4.2.2 施工升降机(施工电梯)

视频:施工升降机安全标准化仿真教学

施工升降机(施工电梯)制造单位必须具有特种设备制造许可证,其产品应具有特种设备制造监检证书。安装单位应具备起重设备安装工程专业承包资质和安全生产许可证。安装拆卸人员必须持有特种作业上岗证。由安装单位编制施工升降机安装拆卸工程专项施工方案,经安装单位技术负责人批准后,报送施工总承包单位、监理单位审核。安装单位对施工升降机月检不少于2次,使用单位、租赁单位和监理单位应派人员参加。

1. 安全装置

施工升降机必须具有渐进式防坠安全器、起重量限制器、对重防松断绳保护装置、上下限位装置、上下极限限位装置和缓冲器等。

渐进式防坠安全器安装后应做坠落试验,以后每3个月进行一次坠落试验,确保其灵敏、可靠。钢丝绳式施工升降机的渐进式防坠安全器必须具备限速和防坠双功能。曳引钢丝绳的固定端应有承力弹簧和调节长度装置或应有防松绳保护装置。渐进式防坠安全器应由检测机构检测,有效标定期1年。防坠安全器的寿命为5年。

2. 楼层卸料平台及地面防护

卸料平台应有设计施工图。卸料平台必须独立设置,满足稳定性要求,层高不应小于2m,两侧应有不低于1.2m的防护栏板。平台板采用4cm厚木板或防滑钢板,铺设严密。

卸料平台防护门应定型化、工具化。防护门不应低于1.8m,门面板应采用钢板或钢板网。当采用钢板时,上部须留视孔或用钢板网封闭。防护门锁止装置应采用插销形式,插销必须装在层门外侧,并有防止外开的措施。

底笼门与吊笼应设有可靠的机电联锁装置。进料口上方搭设规范牢固的防护棚。防护棚沿应架体三面设置,宽度不应小于5m,应搭设两层,上下层距不应小于60cm;当采用脚手片时,上下层应垂直铺设。当建筑物高度大于100m时,防护棚应增设不小于2cm厚的木板。

3. 基础及导轨架

地基、基础应满足使用说明书的要求;基础周边应有排水设施。对基础设置在地下室顶板、楼面或其他下部悬空结构上的,应对基础支撑结构进行专项设计,应有设计计算书和施工图。

导轨架垂直度(见表4-1)、自由端高度和每道附墙的间距应符合使用说明书的要求。

表 4-1　垂直度偏差表

导轨架架设高度/m	$h\leqslant70$	$70<h\leqslant100$	$100<h\leqslant150$	$150<h\leqslant200$	$h>200$
垂直度偏差/mm	不大于$(1/1\,000)h$	$\leqslant70$	$\leqslant90$	$\leqslant110$	$\leqslant130$
	对钢丝绳式施工升降机垂直度偏差应$\leqslant(1.5/1\,000)h$				

井架式导轨架,在与各楼层通道相连的开口处,应采取加强措施。附墙架应符合使用说明书的要求;当导轨架与建筑物超过使用说明书规定的距离时,应进行专项设计和制作,并在专项施工方案中明确。附墙架附着点处的建筑结构承载力应满足使用说明书的要求。

4. 安装、拆卸及验收

施工升降机安装、拆卸前应办理告知手续并进行安全技术交底。

进入现场的安装、拆卸作业人员应佩戴安全防护用品,高处作业人员应系安全带,穿防滑鞋。作业人员严禁酒后作业。安装、拆卸作业应统一指挥,分工明确。严格按专项施工方案和使用说明书的要求、顺序作业。危险部位安装或拆卸时应采取可靠的防护措施。应使用对讲机等通信工具进行指挥。

施工升降机验收合格后,应悬挂验收合格标志牌、限载重量(人数)牌和安全警示标志等。验收资料应包括施工升降机产权备案表、安装或拆卸告知表、安装单位资质证书和安全生产许可证、特种作业人员上岗证、安装或拆卸专项方案、基础及附墙架设计计算书和施工图、检测报告、安装验收书、使用说明书、安装或拆卸合同、安全协议和设备租赁合同等。

1)安装作业规定

(1)安装时应确保施工升降机运行通道内无障碍物。

(2)安装作业时必须将按钮盒或操作盒移至吊笼顶部操作。当导轨架或附墙架上有人作业时,严禁开机。

(3)导轨架安装时,应进行垂直度测量校正。当需安装导轨架加强标准节时,应确保普通标准节和加强标准节的安装部位正确,不得用普通标准节替代加强标准节。

(4)每次加节完毕后,应对导轨架的垂直度进行校正,且应按规定及时重新设置行程限位和极限限位,经验收合格后方能运行。

(5)附墙架形式、附着高度、垂直间距、附着点水平距离、附墙架与水平面之间的夹角、导轨架自由端高度等均应符合使用说明书的要求。

(6)连接件和连接件之间的防松防脱件应符合使用说明书的规定,不得用其他物件代替。对有预紧力要求的连接螺栓,应使用扭力扳手或专用工具,紧固到规定的扭矩值。

2)拆卸作业规定

(1)拆卸前应对施工升降机的关键部位进行检查,当发现问题时,在问题解决后方能进行拆卸作业。

（2）拆卸附墙架时施工升降机导轨架的自由高度应始终满足使用说明书的要求。

（3）夜间不得进行拆卸作业。

（4）应确保与基础相连的导轨架在最底一道附墙架拆除后，仍能保持各方向的稳定。

（5）施工升降机拆卸应连续作业。当拆卸作业不能连续完成时，应根据拆卸状态采取相应的安全措施。

3）安装验收

（1）施工升降机安装完毕，安装单位应进行自检，自检合格后报检测机构检测，检测合格后由施工总承包单位组织安装单位、使用单位和监理单位验收。在30日内报当地建设主管部门使用登记。登记标志应当置于或者附着于该设备的显著位置。

（2）安装验收书各项检查项目应数据量化、结论明确。施工总承包单位、安装单位、租赁单位、使用单位和监理单位验收人均应签字确认。

5．使用管理

施工升降机司机必须持有特种作业上岗证，并负责卸料平台防护门的开启与关闭。每班作业前，按规定日检、试车；使用期间，安装单位或租赁单位应按使用说明书的要求对施工升降机定期进行保养。荷载在吊笼内应均匀布置，严格控制吊笼额定载人数量不得超过9人。运载物料的尺寸不应超过吊笼的界限。

工作时间内司机不得擅自离开施工升降机。当有特殊情况需离开时，应将吊笼停到最底层，关闭电源并锁好吊笼门。作业结束后应将吊笼返回最底层停放，将各控制开关拨到零位，切断电源，锁好开关箱、吊笼门和地面防护围栏门。

6．电气与避雷

电气系统对导轨架的绝缘电阻应不小于 $0.5\mathrm{M}\Omega$。各种电气安全保护装置齐全、可靠。施工升降机金属结构和电气设备金属外壳均应接地，接地电阻不应大于 4Ω。

4.2.3　塔式起重机（附着式）

视频：湖南版 塔式起重机安全标准化仿真教学

塔式起重机（附着式）制造单位必须具有特种设备制造许可证，其产品应具有特种设备制造监检证书。安装单位应具备起重设备安装工程专业承包资质和安全生产许可证。安装、拆卸人员必须持有特种作业上岗证。由安装单位编制塔式起重机安装、拆卸工程专项施工方案，经安装单位技术负责人批准后，报送施工总承包单位、监理单位审核。安装单位对塔式起重机月检不少于1次，使用单位、租赁单位和监理单位应派人员参加。

施工现场有多台塔式起重机交叉作业时，应编制专项方案，并应采取防碰撞的安全措施。

塔式起重机在安装前和使用过程中，发现有下列情况之一的，不得安装和使用。

（1）结构件上有可见裂纹和严重锈蚀的。

（2）主要受力构件存在塑性变形的。

（3）连接件存在严重磨损和塑性变形的。

（4）钢丝绳达到报废标准的。

（5）安全装置不齐全或失效的。

1. 安全装置

塔式起重机上力矩限制器、起重量限制器、变幅限位器、高度限位器、行走限位器、回转限位器等各种安全装置应齐全、灵敏、可靠。行走式塔式起重机轨道应设置极限位置阻挡器。卷扬机卷筒应设置防止钢丝绳滑出的防护保险装置。多台塔式起重机交叉作业，应使用工作空间限制器。

2. 信息标识

塔式起重机应有耐用金属标牌，永久清晰地标识产品名称、型号、产品制造编号、出厂日期、制造商名称、制造许可证号、额定起重力矩等信息。司机的操纵装置和指示装置应标有文字和符号以指示其功能。塔式起重机的标准节、臂架、拉杆、塔顶等主要结构件应设有可追溯制造日期的永久性标志。在合适的位置应以文字、图形或符号标牌的形式标志出可能影响在塔式起重机上或塔式起重机周围工作人员安全的危险警告信息。

3. 基础

塔式起重机的基础应按国家现行标准和使用说明书所规定的要求进行设计与施工。施工单位应根据地质勘察报告确认施工现场的地基承载能力。当施工现场无法满足塔式起重机使用说明书对基础的要求时，应进行专项设计，应有设计计算书和施工图。基础应有排水措施。

4. 附着装置与夹轨器

当塔式起重机作附着使用时，附着装置的设置和自由端高度应符合使用说明书的规定。当塔身与建筑物超过使用说明书规定的距离时，应进行专项设计和制作，并在专项施工方案中明确。附着装置的杆件与建筑物及塔身之间的连接，应采用铰接，不得焊接。附着杆应可调节杆长（短）。行走式塔机必须安装夹轨器，保证塔机在非工作状态风荷载和外力作用下能保持静止。

5. 安装、拆卸及验收

塔式起重机安装、拆卸应办理告知手续，并进行安全技术交底。进入现场的安装拆卸作业人员应佩戴安全防护用品，高处作业人员应系安全带，穿防滑鞋。作业人员严禁酒后作业。

两台塔式起重机之间的最小架设距离应保证处于低位塔式起重机的起重臂端部，与另一台塔式起重机的塔身之间至少有 2m 的距离；处于高位塔式起重机的吊钩升至最高点或平衡重的最低位与低位塔式起重机中处于最高位置部件之间的垂直距离不应小于 2m。

塔式起重机选址，起重臂回转区域应避开学校、幼儿园、商场、居民区、道路等上空。确因场地小，应制订专项施工方案，限制起重臂回转角度，禁止吊重物出工地围墙外等。

安装、拆卸作业应统一指挥，分工明确。严格按专项施工方案和使用说明书的要求、顺序作业。危险部位安装或拆卸时应采取可靠的防护措施。应使用对讲机等通信工具进行指挥。

塔式起重机验收合格后，应悬挂验收合格标志牌、操作规程牌和安全警示标志等。验收资料中应包括塔式起重机产权备案表、安装(拆卸)告知表、安装(拆卸)单位资质证书和安全生产许可证、特种作业人员上岗证、安装(拆卸)专项方案、基础及附着装置设计计算书和施工图、检测报告、验收书、使用说明书、安装(拆卸)合同、安全协议和设备租赁合同等。

1）安装作业规定

（1）安装前应根据专项施工方案，检查塔式起重机基础的隐蔽工程验收记录和混凝土强度报告等相关资料;以及辅助设备就位点的基础、地基承载力等。

(2)安装作业应根据专项施工方案要求实施。安装作业中应统一指挥,人员应分工明确、职责清楚,不少于4人。

(3)安装辅助设备就位后,应对其机械和安全性能进行检验,合格后方可作业。安装所使用的钢丝绳、卡环、吊钩等起重机具应经检查合格后方可使用。

(4)连接件及其防松防脱件严禁用其他代用品代用。连接件及其防松防脱件应使用力矩扳手或专用工具紧固连接螺栓。

(5)当遇到特殊情况安装作业不能连续进行时,必须将已安装的部位固定牢靠并达到安全状态,经检查确认无隐患后,方可停止作业。

(6)塔式起重机独立状态(或附着状态下最高附着点以上)塔身轴心线对支承面的垂直度不大于4/1 000。塔式起重机附着状态下最高附着点以下塔身轴心线对支承面的垂直度不大于2/1 000。

(7)塔式起重机加节后需进行附着的,应按照先装附着装置、后顶升加节的顺序进行,附着装置的位置和支撑点的强度应符合要求。

(8)自升式塔式起重机进行顶升加节的要求:顶升系统必须完好;结构件必须完好;顶升前应确保顶升横梁搁置正确;应确保塔式起重机的平衡;顶升过程中,不得进行起升、回转、变幅等操作;应有顶升加节意外故障应急对策与措施。

2)拆卸作业规定

(1)塔式起重机拆卸前应检查主要结构件、连接件、电气系统、起升机构、回转机构、变幅机构、顶升机构等项目。发现问题应采取措施,解决后方可进行拆卸作业。

(2)当用于拆卸作业的辅助起重设备设置在建筑物上时,应明确设置位置、锚固方法,并应对辅助起重设备的安全性及建筑物的承载能力等进行验算。

(3)拆卸时应先降塔身标准节,后拆除附着装置。

(4)自升式塔式起重机每次降塔身标准节前,应检查顶升系统和附着装置的连接等,确认完好后方可进行作业。

(5)塔式起重机拆卸作业应连续进行;当遇特殊情况拆卸作业不能继续时,应采取措施保证塔式起重机处于安全状态。

3)安装验收

(1)塔式起重机安装完毕,安装单位应进行自检,自检合格后报检测机构检测,检测合格后由施工总承包单位组织安装单位、使用单位、租赁单位和监理单位验收。在30日内报当地建设主管部门使用登记。登记标志应当置于或者附着于该设备的显著位置。

(2)塔式起重机初始安装高度不宜大于使用说明书规定的最大独立高度的80%。

(3)安装验收书中各项检查项目应数据量化、结论明确。施工总承包单位、安装单位、使用单位、租赁单位和监理单位验收人均应签字确认。

6.使用管理

塔式起重机起重司机、起重信号工、司索工必须持有特种作业上岗证。塔式起重机使用前,应对起重司机、起重信号工、司索工等作业人员进行安全技术交底。每班作业前,应按规定日检、试吊;使用期间,安装单位或租赁单位应按使用说明书的要求对塔式起重机定期进行保养。

塔式起重机力矩限制器、起重量限制器、变幅限位器、行走限位器、高度限位器等安全保护装置不得随意调整和拆除。施工现场两台及以上塔式起重机交叉作业,应制定防碰撞专项方案。塔式起重机不得起吊重量超过额定载荷的吊物,且不得起吊重量不明的重物。物件起吊时应绑扎牢固,不得在吊物上堆放或悬挂其他物件;零星材料起吊时,必须用吊笼或钢丝绳绑扎牢固。当吊物上站人时不得起吊。应确保塔式起重机在非工作工况时臂架能随风转动。行走式塔机必须设置有效的卷线器。

7. 电气与避雷

塔式起重机的金属结构、轨道、所有电气设备的金属外壳、金属线管等均应可靠接地,接地电阻不大于 4Ω,重复接地电阻不大于 10Ω。塔式起重机的电气系统应按要求设置短路和过电流、失压及零位保护、错相与缺相保护。切断总电源的紧急开关,应符合要求。在塔式起重机安装、维修、调整和使用中不得任意改变电路。电气系统对地的绝缘电阻不小于 $0.5\mathrm{M}\Omega$。

塔式起重机安装位置应避开架空输电线路。当不能避开时,塔机上任何部位与架空输电线路应保持安全距离,安全距离应符合表 4-2 规定;安全距离达不到表中规定时,必须采取绝缘隔离防护措施,并应悬挂醒目的警告标志。

表 4-2　塔式起重机任何部位与输电线间的安全距离

电压/kV 安全距离/m	<1	10	35	110	220	330	500
沿垂直方向	1.5	3.0	4.0	5.0	6.0	7.0	8.5
沿水平方向	1.5	2.0	3.5	4.0	6.0	7.0	8.5

避雷针高度应为 $1\sim2\mathrm{m}$,引下线宜采用铜导线单独铺设并保证电气连接,导线截面应不小于 $16\mathrm{mm}^2$。

4.2.4　起重吊装

操作人员在作业前必须对工作环境、行驶道路、架空电线、建筑物以及构件重量和分布情况进行全面了解。遇有大风或大雨、大雪、大雾及 6 级以上风力等恶劣天气时,应停止作业。雨雪过后作业前,应先试吊,确认制动器灵敏、可靠后方可进行作业。

1. 施工方案

起重吊装作业必须根据工程实际情况,有针对性地编制专项施工方案。专项施工方案经施工总承包单位和监理单位审核批准后方可实施。超过一定规模的起重吊装作业的专项施工方案应经专家论证。

2. 起重机械

1) 起重机吊装作业规定

(1) 起重机进场使用前应进行检查,各项载荷指标及安全性能合格后方可使用。

视频:起重吊装安全标准化仿真教学

视频:起重吊装与高空坠落事故案例仿真教学

（2）起重机的力矩限制器、变幅限位器、起重量限制器以及各种行程限位开关、吊钩防脱绳保险等安全保护装置，应齐全、灵敏、可靠。

（3）起重机作业时，起重臂和重物下方严禁有人停留、工作或通过。严禁用起重机载运人员。

2）自制的起重扒杆吊装作业规定

（1）起重扒杆应进行专项设计，并在专项施工方案中明确。

（2）起重扒杆必须按照设计进行安装，作业前进行试吊，验收合格后方可使用，并做好书面记录。

3）钢丝绳与地锚设置规定

（1）起重钢丝绳应符合有关标准的规定。起重钢丝绳的选用应符合起重设备性能和技术要求，磨损、断丝不得超标。

（2）缆风绳安全系数必须大于3.5。

（3）滑轮、地锚的设置应符合专项施工方案的要求。

4）起重机作业路面的地基承载力规定

起重机作业路面的地基承载力应符合专项施工方案的要求。

5）起重作业规定

（1）司机、指挥、司索应持证上岗。高处作业必须有可靠的信号传递措施。

（2）起重吊点的确定应符合设计或专项施工方案的要求；索具、钢丝绳规格型号、绳径倍数应符合设计或专项施工方案的要求。

（3）起重吊装作业应按照操作规程执行。每天（班）作业前均应进行试吊，正常后才能作业。

（4）不得起吊重量不明重物或超载。不得在不安全的状态情况下进行吊装作业。

（5）起重吊装作业时应设置警戒线，悬挂警戒标志，并派专人监护。

（6）起重吊装人员必须有可靠的立足点并有相应的安全防护措施。作业平台应坚实、牢固，且单独设置。临边防护符合要求。构件堆放应整齐、稳固。堆放场地应符合堆载要求。在建筑物结构上堆放材料，不得超过设计允许的荷载规定。

3. 施工机具

进场施工机具安装后必须经企业安全管理部门验收，合格后方可使用。操作人员应经过专业培训，持证上岗。施工机具的操作应遵守相关的操作规程，设置专用的开关箱，并应做好保护接零。严禁使用倒顺开关控制机具，应由专人管理，无人操作时应切断电源。

1）常用施工机具

（1）平刨的使用应符合下列规定。

① 平刨防护装置应设防护罩，刨刀设护手装置。刨厚度小于30mm或长度小于400mm的木料时，应用压板、棍推进。

② 不得使用平刨、圆盘锯合用一台电动机的多功能木工机械。

（2）圆盘锯的使用应符合下列规定。

① 圆盘锯的锯片上方应设防护挡板，锯片和传动部位应设防护罩。

② 当锯料接近端头时，应用推棍送料。

（3）钢筋加工机械的使用应符合下列规定。

① 钢筋冷拉作业区和对焊作业区应有安全防护措施。

② 钢筋机械的传动部位应装设防护罩。

(4) 电焊机的使用应符合下列规定。

① 电焊机应做好保护接零并装设漏电保护器,交流电焊机械应配装防二次侧防触电保护器。

② 一次侧电源线长度不得超过 5m,二次线长度不得超过 30m,一、二次线接线柱与外壳绝缘良好,并设有防护罩。

③ 应使用自动开关,不得使用手动电源开关。

④ 焊把线应使用橡皮电缆。焊把线老化、破皮或接头超过 3 处的应及时更换。

⑤ 电焊机应有防雨设施。

(5) 搅拌机的使用应符合下列规定。

① 离合器、制动器应保持正常状态。钢丝绳断丝不超过标准。

② 操作手柄应设保险装置,以防误动作。

③ 搅拌机应搭设防雨、防落物的防护棚。操作台应平整、有足够的空间。

④ 料斗保险钩应齐全有效。料斗升起不用时应挂好保险钩并使其处于受力状态。

⑤ 搅拌机的传动部位应设有防护罩。

(6) 手持电动工具的使用应符合下列规定。

① 在潮湿和金属构架等导电良好的场所使用 I 类手持电动工具,必须穿戴绝缘用品。

② 使用手持电动工具不得随意接长电源线和更换插头。

(7) 气瓶的使用应符合下列规定。

① 气瓶应有标准色标或明显标志。

② 气瓶间距应大于 5m,距明火应大于 10m。当不能满足安全距离时,应采取隔离措施。

③ 气瓶使用和存放时均不得平放。

④ 气瓶应分别存放,不得在强烈的阳光下暴晒。

⑤ 气瓶必须装有防震圈和安全防护帽。

⑥ 乙炔瓶使用中应增设回火装置。

(8) 机动翻斗车的使用应符合下列规定。

① 机动翻斗车的制动装置(包括手制动)应保证灵敏有效。

② 不得违章行驶,料斗内不得乘人。

(9) 潜水泵的使用应符合下列规定。

① 潜水泵应直立于水中,水深不得小于 0.5m,四周设立坚固的防护围栏。不得在含泥沙的水中使用。

② 潜水泵放入水中或提出水面时,应先切断电源,严禁拉拽电缆或出水管。

③ 必须做好保护接零,漏电保护器的动作电流不应大于 15mA。电缆线密封完好,作业时 30m 以内水面不准有人进入。

(10) 打桩机械的使用应符合下列规定。

① 打桩作业应编制专项施工方案。专项施工方案应由打桩单位编制,经施工总承包单位、监理单位审核批准后方可实施。

② 行走路线地基承载力应符合专项施工方案的要求。

③ 打桩机械应装设超高限位装置且灵敏、可靠。各传动部位应设置防护装置。

④ 打桩机作业区内应无高压线路。作业区应有明显标志或围栏,非工作人员不得进入。

2) 其他施工机具

(1) 卷扬机的使用应符合下列规定。

① 卷扬机基座应平稳牢固、周围排水畅通、地锚设置可靠,并应搭设防护棚。从卷筒中心线到第一个导向轮的距离,带槽卷筒应大于卷筒宽度的 15 倍;无槽卷筒应大于卷筒宽度的 20 倍;当钢丝绳在卷筒中间位置时,滑轮的位置应与卷筒轴线垂直,其垂直度允许偏差为 6°。

② 操作人员位置的设置应能看清指挥人员和拖动或起吊的物件。

③ 钢丝绳与卷筒及起重物应连接牢固,不得与机架或地面摩擦。钢丝绳通过道路时,应设过路保护装置或设置围栏。

④ 卷筒上的钢丝绳应排列整齐,当重叠或斜绕时,应停机重新排列,严禁在转动中用手拉脚踩钢丝绳。

(2) 混凝土输送泵的使用应符合下列规定。

① 混凝土输送泵应安放在平整、坚实的地面上,周围不得有障碍物,当放下支腿并调整后应使机身保持水平和稳定。

② 泵送管道的敷设应符合专项施工方案的要求,不得固定在脚手架上。

③ 泵送管道敷设后应进行耐压试验。

④ 作业中,应对泵送设备和管路进行观察,发现隐患应及时处理。对磨损超过规定的管子、卡箍、密封圈等应及时更换。

(3) 混凝土泵车的使用应符合下列规定。

① 泵车就位地点应平坦坚实,周围无障碍物,上空无高压输电线。泵车不得停放在斜坡上。

② 泵车就位后,应支起支腿并保持机身的水平和稳定;泵车应显示停车灯。当用布料杆送料时,机身倾斜不得大于 3°。

③ 泵车作业前,应检查项目:泵车的各项性能指标应符合要求;搅拌斗内无杂物,保护格网完好并盖严;输送管路连接牢固,密封良好。

④ 布料杆的配置、使用应符合产品说明书的要求。严禁用布料杆起吊或拖拉物件。

⑤ 当布料杆处于全伸状态时,不得移动车身;作业中需要移动车身时,应将上段布料杆折叠固定,移动速度不得超过 10km/h。

⑥ 不得在地面上拖拉布料杆前端软管。严禁延长布料配管和布料杆。

4.3　安全防护和高处作业安全的检查验收

4.3.1　安全防护

1.“四口”防护

1) 楼梯口防护

楼梯口和梯段边,应在高 1.2m、0.6m 处及底部设置 3 道防护栏杆,杆件内侧挂密目式

视频：高处作业
安全标准化仿真
教学

安全立网。顶层楼梯口应随工程结构进度安装正式防护栏杆或者临时栏杆，梯段旁边也应设置栏杆，作为临时护栏。防护栏杆转角部位宜采用工具式防护栏杆。

2）电梯井口防护

电梯井口必须设定型化、工具化的可开启式安全防护栅门，涂刷黄黑相间警示色。安全防护栅门高度不得低于 1.8m，并设置 180mm 高踢脚板，门离地高度不大于 50mm，门宜上翻外开。电梯井内应每层设置硬质材料隔离措施。安全隔离应封闭严密牢固。当隔离措施采用钢管落地式满堂架且高度大于 24m 时应采用双立杆。

3）预留洞口、坑井防护

管桩及钻孔桩等桩孔上口、杯形或条形基础上口、未填土的坑槽以及上人孔、天窗、地板门等处，均应按洞口防护设置稳固的盖件，并有醒目的标志警示。竖向洞口应设栏杆，防护严密。竖向洞口下边沿至楼板或底面低于 800mm 的窗台等竖向洞口，如侧边落差大于 2m 时，应增设临时护栏。

楼板面等处短边长为 250～500mm 的水平洞口、安装预制构件时的洞口以及缺件临时形成的洞口，应设置盖件，四周搁置均衡，并有固定措施；短边长为 500～1 500mm 的水平洞口，应设置网格式盖件，四周搁置均衡，并有固定措施，上满铺木板或脚手片；短边长大于 1 500mm 的水平洞口，洞口四周应增设防护栏杆。

4）通道口防护

进出建筑物主体通道口应搭设防护棚。棚宽大于道口，两端各长出 1m，进深尺寸应符合高处作业安全防护范围。坠落半径（R）分别为：当坠落物高度为 2～5m 时，R 为 3m；当坠落物高度为 5～15m 时，R 为 4m；当坠落物高度为 15～30m 时，R 为 5m；当坠落物高度大于 30m 时，R 为 6m。

场内（外）道路边线与建筑物（或外脚手架）边缘距离分别小于坠落半径的，应搭设安全通道。木工加工场地、钢筋加工场地等上方有可能坠落物件或处于起重机调杆回转范围之内，应搭设双层防护棚。安全防护棚应采用双层保护方式，当采用脚手片时，层间距 600mm，铺设方向应相互垂直。各类防护棚应有单独的支撑体系，固定可靠安全。严禁用毛竹搭设，且不得悬挑在外架上。

2. 临边防护

基坑、阳台、楼板、屋面等部位临边应采取防护措施。

（1）基坑四周栏杆柱应采用预埋或打入地面方式，深度为 500～700mm。栏杆柱离基坑边口的距离不应小于 500mm。当基坑周边采用板桩时，钢管可打在板桩外侧。

（2）混凝土楼面、地面、屋面或墙面栏杆柱可用预埋件与钢管或钢筋焊接方式固定。当在砖或砌块等砌体上固定时，栏杆柱可预先砌入规格相适应的 80×6 弯转扁钢作预埋件的混凝土块，固定牢固。

（3）临边防护应在高 1.2m、0.6m 处及底部设置 3 道防护栏杆，杆件内侧挂密目式安全立网。横杆长度大于 2m 时，必须加设栏杆柱。坡度大于 1∶2.2 的斜面（屋面），防护栏杆的高度应为 1.5m。

（4）双笼施工升降机卸料平台门与门之间空隙处应封闭。吊笼门与卸料平台边缘的水平距离不应大于 50mm。吊笼门与层门间的水平距离不应大于 200mm。

施工现场应配备足够的安全帽、安全网、安全带。楼梯口、通道口、预留洞口、电梯井口及临边应防护严密。施工现场竖向安全防护宜采用密目式安全立网,建筑物外立面竖向安全防护不应采用安全平网或安全立网。禁止使用阻燃性能不符合规定要求的密目式安全立网。

4.3.2 高处作业"三宝"

1. 安全帽

进入施工现场作业区者必须戴好安全帽,扣好帽带。施工现场安全帽应有企业标志,分色佩戴。安全帽应正确使用,不准使用缺衬、缺带及破损的安全帽。安全帽材质应符合《安全帽》(GB 2811—2007)的要求,性能应符合《安全帽测试方法》(GB/T 2812—2006)的要求,必须满足耐冲击、耐穿透、耐低温性能、侧向刚性能等技术要求。帽壳上应有永久性标志。

塑料安全帽的使用期限不应超过 3 年,玻璃钢安全帽的使用期限不应超过两年半,到期安全帽应进行抽查测试。

2. 安全网

施工现场应根据使用部位和使用需要,选择符合现行标准要求的、合适的密目式安全立网、立网和平网。建筑物外侧脚手架的立面防护、建筑物临边的立面防护,应选用密目式安全网;物料提升机外侧应采用立网封闭;电梯井内、脚手架外侧、钢结构厂房或其他框架结构构筑物施工时,作业层下部应采用平网封闭。严禁用密目式安全立网、立网代替作平网使用。安全网必须有产品生产许可证和质量合格证。严禁使用无证或不合格的产品。

密目式安全网宜挂设在杆件的内侧。安全网应绷紧、扎牢,拼接严密,相邻网之间应紧密结合或重叠,空隙不得超过 80mm,绑扎点间距不得大于 500mm,不得使用破损的安全网。

安全网应符合《安全网》(GB 5725—2009)的规定,性能应符合《安全网力学性能试验方法》(GB/T 5726—1985)的规定,应满足耐冲击性能、耐贯穿性能、阻燃等要求。

3. 安全带

施工现场高处作业应系安全带,宜使用速差式(可卷式)安全带。安全带一般应做到高挂低用,挂在牢固可靠处,不准将绳打结使用。安全带使用后由专人负责,存放在干燥、通风的仓库内。

安全带应符合《安全带》(GB 6095—2009)的规定,并有产品检验合格证明。材质应符合《安全带测试方法》(GB 6096—2009)的规定。安全带寿命一般为 3～5 年,使用 2 年后应做批量抽验。

4.3.3 高处作业吊篮

高处作业吊篮应当具有产品合格证、形式检验报告和使用说明书。吊篮租赁单位应依法取得营业执照。安装、拆卸人员应持有特种作业上岗证。

吊篮安装、拆卸应有专项施工方案。专项施工方案应由安装单位编制,

视频:吊篮安全标准化仿真教学

经施工总承包单位、监理单位审核批准后方可实施。

高处作业吊篮所用的构配件应是生产厂家出厂的配套产品，安装及使用单位不得进行改装。悬挂吊篮的支架支撑点处结构的承载能力应大于所选择吊篮各工况的荷载最大值。吊篮使用前应进行载荷试验，填写试验记录。不得将吊篮作为垂直运输设备，不得采用吊篮运送物料。高处作业吊篮验收合格后应悬挂合格标志牌、额定载荷牌等。

1. 安全装置

吊篮必须具有安全锁和超高限位装置。安全锁必须在有效标定期内使用，有效标定期不应大于 1 年。安全锁应由检测机构检验。检验标识应粘贴在安全锁的明显位置处，同时应在安全管理资料中存档。手动滑降装置应灵敏、可靠。

2. 安全防护

高处作业吊篮应设置作业人员专用的挂设安全带的安全绳及安全锁扣。安全绳应固定在建筑物可靠位置上不得与吊篮上任何部位连接。高处作业吊篮的任何部位与高压输电线的安全距离不应小于 10m。吊篮的电源电缆线应有保护措施，固定在设备上，防止插头接线受力，引起断路、短路。电缆线悬吊长度超过 100m 时，应采取电缆抗拉保护措施。电器箱的防水、防震、防尘措施要可靠。电器箱门应锁上。建筑物外立面部分呈凹凸形、V 形等变化的，应使用异型吊篮。施工范围下方如有道路、通道时，必须设置警示线或安全护栏，并且在周围设置醒目的警示标志并派专人监护。

3. 安装与拆卸

吊篮安装或拆卸前，应进行安全技术交底并有书面记录，并履行签字手续。悬挂机构不得安装在外架或用钢管扣件搭设的架子上，必须安装在砼混结构、钢结构平台等上方。悬挂机构宜采用刚性连接方式进行拉结固定。前梁外伸长度应符合高处作业吊篮使用说明书的规定。

配重块应稳定可靠地安放在配重架上，并应有防止随意移动的措施。严禁使用破损的配重块或其他替代物。配重块的重量应符合设计规定，且应有重量标记。

吊篮悬挂高度在 60m 及其以下的，宜选用长边不大于 7.5m 的吊篮平台；悬挂高度在 100m 及以下的，宜选用长边不大于 5.5m 的吊篮平台；悬挂高度在 100m 及其以上的，宜选用长边不大于 2.5m 的吊篮平台。

拆卸前应将吊篮平台下落至地面，并应将钢丝绳从提升机、安全锁中退出，切断总电源。拆卸分解后的构配件不得放置在建筑物边缘，应采取防止坠落的措施。零散物品应放置在容器中。不得将吊篮任何部件从屋顶处抛下。吊篮安装和拆卸作业区域，应设置警戒线，指派专人负责统一指挥和监督，禁止无关人员进入。

4. 安装验收

吊篮安装完毕，安装单位应进行自检，自检合格后报检测机构检测，检测合格后由施工总承包单位组织安装单位、租赁单位、使用单位和监理单位验收。吊篮在同一施工现场进行二次移位安装后应重新进行验收。

安装验收书中各项检查项目应数据量化、结论明确。施工总承包单位、安装单位、租赁单位、使用单位和监理单位验收人均应签字确认。

5. 使用管理

吊篮使用单位应制定吊篮安全生产管理制度和吊篮使用的操作规程，并根据不同施工阶段、周围环境以及季节、气候的变化,采取相应的安全防护措施。安装单位或租赁单位专业人员应对吊篮进行定期维护保养。每班作业前,操作人员应对吊篮进行检查、试车。检查合格后方可进行作业。吊篮连续停用2日以上重新使用前,应对吊篮实行专项检查并有检查记录。吊篮平台内应保持荷载均衡,不得超载运行。

吊篮正常作业时,人员应从地面进入吊篮内,不得从建筑物顶部、窗口等处或其他孔洞处出入吊篮。吊篮内的作业人员不得超过2人。吊篮作业人员应经过专业培训,持证上岗。升降作业时其他人员不得在吊篮内停留。

当吊篮施工遇有雨雪、大雾、风沙及8.0m/s以上大风等恶劣天气时,应停止作业,并应将吊篮平台停放至地面,应对钢丝绳、电缆进行绑扎固定。

在吊篮内进行电焊作业时,应对吊篮设备、钢丝绳、电缆采取保护措施。不得将电焊机放置在吊篮内;电焊缆线不得与吊篮任何部位接触;电焊钳不得搭挂在吊篮上。下班后不得将吊篮停留在半空中,应将吊篮放至地面。人员离开、进行吊篮维修或下班后应将主电源切断,并应将电器箱中各开关置于断开位置并加锁。

4.4　施工现场临时用电安全的检查验收

临时用电配电线路宜采用电缆敷设。配电箱、开关箱应采用由专业厂家生产的定型化产品,并应符合《低压成套开关设备和控制设备　第4部分:对建筑工地用成套设备(ACS)的特殊要求》(GB 7251.4—2017)及《施工现场临时用电安全技术规范》(JGJ 46—2005)、《建筑施工安全检查标准》(JGJ 59—2011),并取得"3C"认证证书,配电箱内使用的隔离开关、漏电保护器及绝缘导线等电器元件也必须取得"3C"认证。

视频:施工用电安全标准化仿真教学

施工现场临时用电设备在5台及以上或设备总容量在50kW及以上者,应编制用电组织设计。临时用电组织设计及变更时,必须履行"编制、审核、批准"程序,由电气工程技术人员组织编制,经企业的技术负责人和项目总监批准后方可实施。

施工现场临时用电必须建立安全技术档案。安全技术档案应包括下列内容。

(1)用电组织设计的全部资料。

(2)修改用电组织设计的资料。

(3)用电技术交底资料。

(4)用电工程检查验收表。

(5)电气设备的试验、检验凭单和调试记录。

(6)接地电阻、绝缘电阻和漏电保护器漏电动作参数测定记录表。

(7)定期检(复)查表。

(8)电工安装、巡检、维修、拆除工作记录。

定期检查时,临时用电工程应按分部、分项工程进行定期检查,复查接地电阻值和绝缘电阻值,对安全隐患必须及时处理,并应履行复查验收手续。

4.4.1　外电防护

在建工程(含脚手架具)的外侧边缘与外电架空线路之间必须保持安全操作距离。最小安全操作距离应符合表 4-3 规定。

表 4-3　在建工程(含脚手架具)的外侧边缘与外电架空线路之间的最小安全操作距离

外电线路电压等级/kV	<1	1～10	35～110	220	330～500
最小安全操作距离/m	4.0	6.0	8.0	10.0	15.0

施工现场的机动车道与外电架空线路交叉时,架空线路的最低点与路面的垂直距离应符合表 4-4 规定。

表 4-4　施工现场的机动车道与外电架空线路交叉时最小垂直距离

外电线路电压等级/kV	<1	1～10	35
最小垂直距离/m	6.0	7.0	7.0

防护设施应坚固、稳定,防护屏障应采用绝缘材料搭设,且对外电线路的隔离防护应达到 IP30 级(防止 2.5mm 的固体侵入)。当规定(见表 4-5)的防护措施无法实现时,必须与有关部门协商,采取停电、迁移外电线路或改变工程位置等措施,未采取上述措施的严禁施工。

表 4-5　防护设施与外电线路之间的最小操作安全距离

外电线路电压等级/kV	≤10	35	110	220	330	500
最小安全操作距离/m	1.7	2.0	2.5	4.0	5.0	6.0

脚手架的上下斜道严禁搭设在有外电线路的一侧。现场临时设施规划、建筑起重机械安装位置等应避开有外电线路一侧。

4.4.2　接地与接零保护系统

在施工现场专用变压器的供电的 TN-S 接零保护系统中,电气设备的金属外壳必须与专用保护零线连接。保护零线应由工作接地线、配电室(总配电箱)电源侧零线或总漏电保护器电源侧零线处引出。

当施工现场与外电线路共用同一供电系统时,电气设备的接地、接零保护与原系统保持一致。不得一部分设备做保护接零,另一部分设备做保护接地。采用 TN 系统做保护接零时,工作零线(N 线)必须通过总漏电保护器,保护零线(PE 线)必须由电源进线零线重复接地处或总漏电保护器电源侧零线处,引出形成局部 TN-S 接零保护系统。

TN 系统中的保护零线除必须在配电室或总配电箱处做重复接地外,还必须在配电系统的中间处和末端处做重复接地。在 TN 系统中,保护零线每一重复接地装置的接地电阻

值应不大于 10Ω。在工作接地电阻允许达到 10Ω 的电力系统中,所有重复接地的等效电阻值应不大于 10Ω。

每一接地装置的接地线应采用 2 根及以上导体,在不同点与接地体做电气连接。不得采用铝导体做接地体或地下接地线。垂直接地体宜采用角钢、钢管或光面圆钢,不得采用螺纹钢材。接地可利用自然接地体,宜采用与在建工程基础接地网连接的方式,应保证其电气连接和热稳定。

PE 线上严禁装设开关或熔断器。PE 线上严禁通过工作电流,且严禁断线。PE 线所用材质与相线、工作零线(N 线)相同时,其最小截面应符合表 4-6 规定。PE 线的绝缘颜色为绿/黄双色线。PE 线截面与相线截面的关系见表 4-6。

表 4-6　PE 线截面与相线截面的关系

相线芯线截面 S/mm^2	PE 线最小截面/mm^2
$S \leqslant 16$	S
$16 < S \leqslant 35$	16
$S > 35$	$S/2$

配电箱金属箱体,施工机械、照明器具、电器装置的金属外壳及支架等不带电的外露导电部分应做保护接零,与保护零线的连接应采用铜鼻子连接。

4.4.3　配电箱、开关箱

配电系统应设置配电柜或总配电箱、分配电箱、开关箱,实行三级配电,三级保护,各级配电箱中均应安装漏电保护器。总配电箱以下可设若干分配电箱;分配电箱以下可设若干开关箱。总配电箱应设在靠近电源的区域,分配电箱应设在用电设备或负荷相对集中的区域。分配电箱与开关箱的距离不得超过 30m。开关箱与其控制的固定式用电设备的水平距离不宜超过 3m。配电箱、开关箱周围应有足够 2 人同时工作的空间和通道。不得堆放任何妨碍操作、维修的物品;不得有灌木、杂草。

动力配电箱与照明配电箱、动力开关箱与照明开关箱均应分别设置。每台用电设备必须有各自专用的开关箱,严禁用同一个开关箱直接控制 2 台及 2 台以上用电设备(含插座)。

配电箱的电器安装板上必须设 N 线端子板和 PE 线端子板。N 线端子板必须与金属电器安装板绝缘;PE 线端子板必须与金属电器安装板做电气连接。进出线中的 N 线必须通过 N 线端子板连接;PE 线必须通过 PE 线端子板连接。

隔离开关应设置于电源进线端,应采用分断时具有可见分断点,并能同时断开电源所有极的隔离电器。漏电保护器应装设在配电箱、开关箱靠近负荷的一侧,且不得用于启动电气设备的操作。

配电箱、开关箱的进出线口应设置在箱体的下底面,出线应配置固定线卡,进出线应加绝缘护套并成束卡固在箱体上,不得与箱体直接接触。移动式配电箱、开关箱的进出线应采用橡皮护套绝缘电缆,不得有接头。配电箱、开关箱的电源进线端严禁采用插头和插座活动连接。

配电箱、开关箱应装设端正、牢固。固定式配电箱、开关箱的中心点与地面的垂直距离应为 $1.4 \sim 1.6$m。移动式配电箱、开关箱应装设在坚固的支架上。其中心点与地面的垂直距离宜为 $0.8 \sim 1.6$m。

配电箱、开关箱应编号,表明其名称、用途、维修电工姓名,箱内应有配电系统图,标明电器元件参数及分路名称。

配电箱、开关箱应进行定期检查、维修。检查、维修人员必须是建筑电工，持证上岗。检查、维修时必须按规定穿戴绝缘鞋和绝缘手套，必须使用电工绝缘工具，并应做检查、维修工作记录。

配电箱、开关箱内的电器配置和接线严禁随意改动。熔断器的熔体更换时，严禁采用不符合原规格的熔体代替。漏电保护器每天使用前应启动漏电试验按钮试跳一次，试跳不正常时严禁继续使用。

4.4.4 现场照明

照明配电箱内应设置隔离开关、熔断器和漏电保护器。熔断器的熔断电流不得大于 15A。漏电保护器的漏电动作电流应小于 30mA，动作时间小于 0.1s。施工现场照明器具金属外壳需要保护接零，必须使用三芯橡皮护套电缆。严禁使用双芯对绞花线、护套线和单根绝缘铜芯线。导线不得随地拖拉或缠绑在脚手架等设施构架上。照明灯具的金属外壳和金属支架必须做保护接零。

室内 220V 灯具距地面不得低于 2.5m，室外 220V 灯具距地面不得低于 3m，配线必须采用绝缘导线或电缆线，并应做保护接零，不得采用双芯对绞花线。

下列特殊场所应使用安全特低电压照明器。

（1）隧道、人防工程、高温、有导电灰尘、比较潮湿或室内线路和灯具离地面高度低于 2.4m 等场所的照明，电源电压不得大于 36V。

（2）潮湿和易触及带电体场所的照明，电源电压不得大于 24V。

（3）特别潮湿的场所、导电良好的地面、锅炉或金属容器内的照明，电源电压不得大于 12V。

4.4.5 配电线路

电缆中必须包含全部工作芯线和用作保护零线或保护线的芯线。需要三相五线制配电的电缆线路必须采用五芯电缆。五芯电缆必须包含淡蓝、绿/黄两种颜色绝缘芯线。淡蓝色芯线必须用作 N 线；绿/黄双色芯线必须用作 PE 线，严禁混用。

电缆线路应采用埋地或架空敷设，严禁沿地面明设，并应避免机械损伤和介质腐蚀。埋地电缆路径应设方位标志。

埋地敷设宜选用铠装电缆；当选用无铠装电缆时，应能防水、防腐。架空敷设宜选用无铠装电缆。电缆直接埋地敷设的深度不应小于 0.7m，并应在电缆紧邻上、下、左、右侧均匀敷设不小于 50mm 厚的细砂，然后覆盖砖或混凝土板等硬质保护层。埋地电缆的接头应设在地面上的接线盒内，接线盒应能防水、防尘、防机械损伤，并应远离易燃、易爆、易腐蚀场所。架空电缆应沿电杆、支架或墙壁敷设，并采用绝缘固定，绑扎线必须采用绝缘线，固定点间距应保证电缆能承受自重所带来的荷载，敷设高度应符合架空线路敷设高度的要求，但沿墙壁敷设时应最大弧垂距地不得小于 2.0m。架空电缆严禁沿脚手架、树木或其他设施敷设。

埋地电缆在穿越建筑物、构筑物、道路、易受机械损伤、介质腐蚀场所及引出地面从

2.0m高到地下0.2m处,必须加设防护套管,防护套管内径不应小于电缆外径的1.5倍。

在建工程内的电缆线路必须采用电缆埋地引入,严禁穿越脚手架引入。电缆垂直敷设应充分利用在建工程的竖井、垂直孔洞等,并宜靠近用电负荷中心,固定点每楼层不得少于一处。电缆水平敷设宜沿墙或门口固定,最大弧垂距地不得小于2.0m。

室内配线应根据配线类型采用瓷瓶、瓷(塑料)夹、嵌绝缘槽、穿管或钢丝敷设。潮湿场所或埋地非电缆配线必须穿管敷设,管口和管接头应密封;当采用金属管敷设时,金属管必须做等电位连接,且必须与PE线相连接。

4.4.6　电器装置

配电箱、开关箱内的电器必须可靠、完好,严禁使用破损、不合格的电器。

总配电箱和分配电箱内电器元件设置应采用以下两种方式。

(1)总隔离开关—总漏电保护器(具备短路、过载、漏电保护功能)—分路隔离开关。

(2)总隔离开关—总断路器(总熔断器)—分路隔离开关—分路漏电保护器(具备短路、过载、漏电保护功能)。

开关箱必须设置隔离开关、断路器或熔断器,以及漏电保护器。当漏电保护器是具有短路、过载、漏电保护功能的漏电断路器时,可不设断路器或熔断器。容量大于3.0kW的动力电路应采用断路器控制,操作频繁时还应附设接触器或其他启动控制装置。

开关箱中漏电保护器的额定漏电动作电流不应大于30mA,额定漏电动作时间不应大于0.1s。使用于潮湿和有腐蚀介质场所的漏电保护器应采用防溅型产品,其额定漏电动作电流不应大于15mA,额定漏电动作时间不应大于0.1s。

分配电箱中漏电保护器的额定漏电动作电流应大于30mA,额定漏电动作时间应大于0.1s。总配电箱中漏电保护器的额定漏电动作电流和额定漏电动作时间应大于分配电箱的参数,但其额定漏电动作电流与额定漏电动作时间的乘积不应大于30mA·s。

总配电箱、分配电箱和开关箱中漏电保护器的极数和线数必须与其负荷侧负荷的相数和线数一致。

4.4.7　变配电装置

配电室内配电屏的正面操作通道宽度不小于1.5m,两侧操作通道不小于1m,配电室顶棚的高度不小于3m且配电装置的上端距顶棚不小于0.5m。配电室的建筑物和构筑物的耐火等级不低于3级,室内配置砂箱和可用于扑灭电气火灾的灭火器。

配电柜应装设电度表,并应装设电流表、电压表。电流表与计费电度表不得共用一组电流互感器。配电柜装设电源隔离开关及短路、过载、漏电保护器。电源隔离开关分断时应有明显分断点。配电柜应编号,并应有用途标记。配电柜或配电线路停电维修时,应挂接地线,并应悬挂"禁止合闸、有人工作"停电标志牌。停、送电必须由专人负责。

发电机组的排烟管道必须伸出室外。发电机组及其控制、配电室内必须配置可用于扑灭电气火灾的灭火器,严禁存放储油桶。发电机组电源必须与外电线路电源连锁,严禁并列运行。

施工用电安全技术综合验收表见表4-7。

表 4-7　施工用电安全技术综合验收表

工程名称：_____

序号	验收项目	技术要求	验收结果
1	施工方案	施工现场临时用电设备在 5 台及以上或设备总容量在 50kW 及以上者,应编制用电组织设计。临时用电组织设计及变更时,必须履行"编制、审核、批准"程序,由电气工程技术人员组织编制,经企业技术负责人和项目总监批准后方可实施。方案实施前必须进行安全技术交底	
2	外电防护	外电线路与在建工程及脚手架、起重机械、场内机动车道的安全距离应符合规范要求;当安全距离不符合规范要求时必须编制外电安全防护方案,采取隔离防护措施,隔离防护应达到 IP30 级(防止 $\phi2.5mm$ 的固体侵入),防护屏障应用绝缘材料搭设,并应悬挂明显的警示标志。防护设施与外电线路的安全距离应符合规范要求,并应坚固、稳定。外电架空线路正下方不得进行施工、建造临时设施或堆放材料物品	
3	接地与接零保护系统	施工现场应采用 TN-S 接零保护系统,不得同时采用两种保护系统,保护零线应由工作接地线、总配电箱电源侧零线或总漏电保护器电源零线处引出,电气设备的金属外壳必须与保护零线连接;保护零线应单独敷设,线路上严禁装设开关或熔断器,严禁通过工作电流;保护零线应采用绝缘导线。规格和颜色标记应符合规范要求;保护零线应在总配电箱处、配电系统的中间处和末端处不少于 3 处重复接地。工作接地电阻不得大于 4Ω,重复接地电阻不得大于 10Ω;接地装置的接地线应采用 2 根及以上导体,在不同点与接地体做电气连接。接地体应采用角钢、钢管或光面圆钢;施工现场起重机、物料提升机、施工升降机、脚手架应按规范要求采取防雷措施,防雷装置的冲击接地电阻值不得大于 30Ω;做防雷接地机械上的电气设备,保护零线必须同时做重复接地	
4	配电线路	线路及接头应保证机械强度和绝缘强度,线路应设短路、过载保护,导线截面应满足线路负荷电流;线路的设施、材料及相序排列、挡距、与邻近线路或固定物的距离应符合规范要求,严禁使用四芯或三芯电缆外加 1 根电线代替五芯或四芯电缆以及老化、破皮电缆;电缆应采用架空或埋地敷设并应符合规范要求,严禁沿地面明设或沿脚手架、树木等敷设;电缆中必须包含全部工作芯线和用作保护零线的芯线。并应按规定接用;室内明敷主干线距地面高度不得小于 2.5m	
5	配电箱、开关箱	施工现场配电系统应采用三级配电、三级漏电保护系统,用电设备必须有各自专用的开关箱,箱体结构、箱内电器设置及使用应符合规范要求,配电箱必须分设工作零线端子板和保护零线端子板,保护零线、工作零线必须通过各自的端子板连接;总配电箱、分配电箱与开关箱应安装漏电保护器,漏电保护器参数应匹配并灵敏、可靠;箱体应设置系统接线图和分路标记,并应有门、锁及防雨措施;箱体安装位置、高度及周边通道应符合规范要求;分配箱与开关箱间的距离不应超过 30m,开关箱与用电设备间的距离不应超过 3m	

续表

序号	验收项目	技 术 要 求	验收结果
6	配电室与配电装置	配电室的建筑耐火等级不应低于三级,配电室应配置适用于电气火灾的灭火器材;配电室、配电装置的布设应符合规范要求;配电装置中的仪表、电器元件设置应符合规范要求;配电室内应有足够的操作、维修空间,备用发电机组应与外电线路进行联锁;配电室应采取防止风雨和小动物侵入的措施;配电室应设置警示标志、工地供电平面图和系统图	
7	现场照明	照明用电应与动力用电分设,特殊场所和手持照明灯应采用36V及以下安全电压供电,照明变压器应采用双绕组安全隔离变压器,灯具金属外壳应接保护零线;灯具与地面、易燃物间的距离应符合规范要求,照明线路和安全电压线路的架设应符合规范要求,施工现场应按规范要求配备应急照明	
8	用电档案	总包单位与分包单位应签订临时用电管理协议,明确各方相关责任;用电各项记录应按规定填写,记录应真实有效;用电档案资料应齐全,并应设专人管理	
验收结论		验收人员 项目负责人: 项目技术负责人: 项目专职安全管理人员: 项目电工: 监理工程师: 验收日期:	

思　考　题

1. 简述基坑工程控制的要点。
2. 哪些情况必须实行基坑监测?
3. 简述基坑工程巡视检查内容。
4. 简述模板支撑体系构造的要求。
5. 物料提升机使用注意事项有哪些?
6. 塔式起重机验收资料有哪些?
7. 塔吊群塔操作注意事项有哪些?
8. "三宝四口"是指什么?
9. 建设临时用电检查内容有哪些?

参 考 文 献

[1] 中国建设监理协会.建设工程质量控制[M].4版.北京：中国建筑工业出版社,2017.

[2] 李峰.建设工程质量控制[M].2版.北京：中国建筑工业出版社,2013.

[3] 张瑞生.建筑工程质量与安全管理[M].3版.北京：中国建筑工业出版社,2018.

[4] 陈翔,刘世刚.建筑工程质量与安全管理[M].3版.北京：北京理工大学出版社,2018.

[5] 钟汉华,姚祖军.建筑工程质量与安全管理[M].北京：人民邮电出版社,2015.

[6] 程红艳.建筑工程质量与安全管理[M].北京：人民交通出版社,2016.

[7] 浙江省建筑业管理局,章钟.浙江省建设工程施工现场安全管理台账实施指南[M].上海：上海科学技术文献出版社,2013.

[8] 浙江省建筑业管理局.建筑安全管理[M].上海：上海科学技术文献出版社,2014.

[9] 浙江省建筑业管理局.建筑工程安全管理图解[M].上海：上海科学技术文献出版社,2015.

[10] 沈万岳,林滨滨.建设工程监理[M].北京：北京大学出版社,2012.

[11] 宋健,韩志刚.建筑工程安全管理[M].北京：北京大学出版社,2011.

[12] 浙江省住房和城乡建设厅.建设工程监理工作标准[M].杭州：浙江工商大学出版社,2014.

[13] 浙江省住房和城乡建设厅.建筑工程施工安全管理规范[M].北京：中国计划出版社,2015.

附表1 建筑工程分部工程、分项工程、检验批划分表更新版

序号	分部工程	子分部工程	分 项 工 程	检验批名称	检验批编号
1	地基与基础(01)	地基工程(01)	素土、灰土地基(01)	素土、灰土地基检验批	01010101001
			砂和砂石地基(02)	砂和砂石地基检验批	01010201001
			土工合成材料地基(03)	土工合成材料地基检验批	01010301001
			粉煤灰地基(04)	粉煤灰地基检验批	01010401001
			强夯地基(05)	强夯地基检验批	01010501001
			注浆地基(06)	注浆地基检验批	01010601001
			预压地基(07)	预压地基检验批	01010701001
			砂石桩复合地基(08)	砂石桩复合地基检验批	01010801001
			高压旋喷注浆地基(09)	高压旋喷注浆地基检验批	01010901001
			水泥土搅拌桩地基(10)	水泥土搅拌桩地基检验批	01011001001
			土和灰土挤密桩复合地基(11)	土和灰土挤密桩复合地基检验批	01011101001
			水泥粉煤灰碎石桩复合地基(12)	水泥粉煤灰碎石桩复合地基检验批	01011201001
			夯实水泥土桩复合地基(13)	夯实水泥土桩复合地基检验批	01011301001
		基础工程(02)	无筋扩展基础(01)	砖砌体检验批	01020101001
				混凝土小型空心砌块砌体检验批	01020102001
				石砌体检验批	01020103001
				模板安装检验批	01020104001
				(余略)	
			钢筋混凝土扩展基础(02)	模板安装检验批	01020201001
				钢筋材料检验批	01020202001
				钢筋加工检验批	01020203001
				钢筋连接检验批	01020204001
				钢筋安装检验批	01020205001
				混凝土原材料检验批	01020206001
				混凝土拌合物检验批	01020207001
				混凝土施工检验批	01020208001
				现浇结构外观质量、位置和尺寸偏差检验批	01020209001
				混凝土设备基础外观质量、位置和尺寸偏差检验批	01020210001
				砖砌体检验批	01020211001
				钢筋混凝土检验批	01020212001
			筏形与箱形基础(03)	模板安装检验批	01020301001
				钢筋材料检验批	01020302001
				钢筋加工检验批	01020303001
				钢筋连接检验批	01020304001
				钢筋安装检验批	01020305001
				混凝土原材料检验批	01020306001
				混凝土拌合物检验批	01020307001

序号	分部工程	子分部工程	分 项 工 程	检验批名称	检验批编号
1	地基与基础(01)	基础工程(02)	筏形与箱形基础(03)	混凝土施工检验批	01020308001
				现浇结构外观质量、位置和尺寸偏差检验批	01020309001
				混凝土设备基础外观质量、位置和尺寸偏差检验批	01020310001
				筏形与箱形基础检验批	01020311001
			钢结构基础(04)	钢结构焊接检验批	01020401001
				焊钉(栓钉)焊接工程检验批	01020402001
				紧固件连接检验批	01020403001
				高强螺栓连接检验批	01020404001
				钢零部件加工检验批	01020405001
				钢构件组装检验批	01020406001
				钢构件预拼装检验批	01020407001
				单层钢结构安装检验批	01020408001
				多层及高层钢结构安装检验批	01020409001
				压型金属板检验批	01020410001
				防腐涂料涂装检验批	01020411001
				防火涂料涂装检验批	01020412001
			钢管混凝土结构基础(05)	钢管构件进场验收检验批	01020501001
				钢管混凝土构件现场拼装检验批	01020502001
				钢管混凝土柱柱脚锚固检验批	01020503001
				钢管混凝土构件安装检验批	01020504001
				钢管混凝土柱与钢筋混凝土梁连接检验批	01020505001
				钢管内钢筋骨架检验批	01020506001
				钢管内混凝土浇筑检验批	01020507001
			型钢混凝土结构基础(06)	型钢混凝土结构焊接检验批	01020601001
				型钢混凝土结构紧固件连接检验批	01020602001
				型钢混凝土结构型钢与钢筋连接检验批	01020603001
				型钢混凝土结构型钢构件组装及预拼装检验批	01020604001
				型钢混凝土结构型钢安装检验批	01020605001
				型钢混凝土结构模板检验批	01020606001
				型钢混凝土结构混凝土检验批	01020607001
			钢筋混凝土预制桩基础(07)	锤击预制桩检验批	01020701001
				静压预制桩基础检验批	01020702001
			泥浆护壁成孔灌注桩基(08)	泥浆护壁成孔灌注桩检验批	01020801001
			干作业成孔桩基础(09)	干作业成孔灌注桩检验批	01020901001
			长螺旋钻孔压灌桩基础(10)	长螺旋钻孔压灌灌注桩检验批	01021001001
			沉管灌注桩基础(11)	沉管灌注桩检验批	01021101001
			钢桩基础(12)	钢桩检验批	01021201001
			锚杆静压桩基础(13)	锚杆静压桩检验批	01021301001
			岩石锚杆基础(14)	岩石锚杆基础检验批	01021401001
			沉井与沉箱基础(15)	沉井与沉箱基础检验批	01021501001

续表

序号	分部工程	子分部工程	分项工程	检验批名称	检验批编号
1	地基与基础(01)	特殊土地基基础工程(03)	湿陷性黄土(01)	湿陷性黄土场地上素土、灰土地基检验批	01030101001
				湿陷性黄土场地上强夯地基检验批	01030102001
				湿陷性黄土场地上挤密地基检验批	01030103001
				湿陷性黄土场地上锤击预制桩检验批	01030104001
				湿陷性黄土场地上静压预制桩检验批	01030105001
				湿陷性黄土场地上泥浆护壁成孔灌注桩检验批	01030106001
				湿陷性黄土场地上干作业成孔灌注桩检验批	01030107001
				湿陷性黄土场地上长螺旋钻孔压灌桩检验批	01030108001
				湿陷性黄土场地上沉管灌注桩检验批	01030109001
				湿陷性黄土场地上钢桩检验批	01030110001
				湿陷性黄土场地上锚杆静压桩检验批	01030111001
				湿陷性黄土场地上水泥粉煤灰碎石桩复合地基检验批	01030112001
				预浸水法检验批	01030113001
			冻土(02)	保温隔热地基检验批	01030201001
				钢筋混凝土预制桩检验批	01030202001
				冻土区泥浆护壁成孔灌注桩检验批	01030203001
				冻土区干作业成孔灌注桩检验批	01030204001
				冻土区长螺旋钻孔压灌桩检验批	01030205001
				混凝土灌注桩检验批	01030206001
				架空通风基础检验批	01030207001
			膨胀土(03)	膨胀土地基素土、灰土垫层检验批	01030301001
				膨胀土地基砂和砂石垫层检验批	01030302001
				膨胀土地基干作业成孔灌注桩检验批	01030303001
				膨胀土地基长螺旋钻孔压灌桩检验批	01030304001
				散水检验批	01030305001
			盐渍土(04)	盐渍土地基砂和砂石垫层检验批	01030401001
				盐渍土地基粉煤灰垫层检验批	01030402001
				盐渍土强夯地基检验批	01030403001
				盐渍土砂石桩复合地基检验批	01030404001
				浸水预溶法检验批	01030405001
				盐化法检验批	01030406001
		基坑支护工程(04)	排桩(01)	灌注桩排桩检验批	01040101001
				单轴与双轴水泥土搅拌桩截水帷幕检验批	01040102001
				三轴水泥土搅拌桩截水帷幕检验批	01040103001
				渠式切割水泥土连续墙截水帷幕检验批	01040104001
				高压喷射注浆截水帷幕检验批	01040105001
			板桩围护墙(02)	重复使用钢板桩围护墙检验批	01040201001
				混凝土板桩围护墙检验批	01040202001
			咬合桩围护墙(03)	单桩混凝土坍落度检验批	01040301001
				导墙、钢套管检验批	01040302001

序号	分部工程	子分部工程	分项工程	检验批名称	检验批编号
1	地基与基础(01)	基坑支护工程(04)	型钢水泥土搅拌墙(04)	型钢水泥土搅拌墙三轴水泥土搅拌桩检验批	01040401001
				型钢水泥土搅拌墙渠式切割水泥土连续墙检验批	01040402001
				内插型钢检验批	01040403001
			土钉墙(05)	复合土钉墙单轴与双轴水泥土搅拌桩截水帷幕检验批	01040501001
				复合土钉墙三轴水泥土搅拌桩截水帷幕检验批	01040502001
				复合土钉墙渠式切割水泥土连续墙截水帷幕检验批	01040503001
				复合土钉墙高压喷射注浆截水帷幕检验批	01040504001
				土钉墙支护检验批	01040505001
			地下连续墙(06)	泥浆性能指标检验批	01040601001
				钢筋笼制作与安装检验批	01040602001
				地下连续墙成槽及墙体检验批	01040603001
			水泥土重力式挡墙(07)	水泥土搅拌桩检验批	01040701001
			土体加固(08)	水泥土搅拌桩土体加固检验批	01040801001
				高压喷射注浆桩土体加固检验批	01040802001
				注浆土体加固检验批	01040803001
			内支撑(09)	模板安装检验批	01040901001
				钢筋材料检验批	01040902001
				钢筋加工检验批	01040903001
				钢筋连接检验批	01040904001
				钢筋安装检验批	01040905001
				混凝土原材料检验批	01040906001
				混凝土拌合物检验批	01040907001
				混凝土施工检验批	01040908001
				钢筋混凝土支撑检验批	01040909001
				钢结构焊接检验批	01040910001
				焊钉(栓钉)焊接工程检验批	01040911001
				紧固件连接检验批	01040912001
				高强度螺栓连接检验批	01040913001
				钢零部件加工检验批	01040914001
				钢构件组装检验批	01040915001
				钢构件预拼装检验批	01040916001
				防腐涂料涂装检验批	01040917001
				防火涂料涂装检验批	01040918001
				钢支撑检验批	01040919001
				钢立柱检验批	01040920001
			锚杆(10)	锚杆检验批	01041001001
			与主体结构相结合的基坑支护(11)	与主体结构相结合的基坑支护检验批	01041101001

续表

序号	分部工程	子分部工程	分 项 工 程	检 验 批 名 称	检验批编号
1	地基与基础(01)	地下水控制(05)	降水与排水(01)	降水施工材料检验批	01050101001
				轻型井点施工检验批	01050102001
				喷射井点施工检验批	01050103001
				管井施工检验批	01050104001
				轻型井点、喷射井点、真空管井降水运行检验批	01050105001
				减压降水管井运行检验批	01050106001
				管井封井检验批	01050107001
			回灌(02)	回灌管井施工材料检验批	01050201001
				回灌管井施工检验批	01050202001
				回灌管井运行检验批	01050203001
		土石方工程(06)	土方开挖(01)	柱基、基坑、基槽土方开挖工程检验批	01060101001
				管沟土方开挖工程检验批	01060102001
				地(路)面基层土方开挖工程检验批	01060103001
			岩质基坑开挖(02)	柱基、基坑、基槽、管沟岩质基坑开挖工程检验批	01060201001
			土石方堆放与运输(03)	土石方堆放工程检验批	01060301001
			土石方回填(04)	柱基、基坑、基槽、管沟、地(路)面基础层填方工程检验批	01060401001
			场地平整(05)	挖方场地平整土方开挖工程检验批	01060501001
				挖方场地平整岩土开挖工程检验批	01060502001
				场地平整填方工程检验批	01060503001
		边坡工程(07)	喷锚支护(01)	喷锚支护检验批	01070101001
			挡土墙(02)	挡土墙检验批	01070201001
			边坡开挖(03)	边坡开挖检验批	01070301001
2	主体结构(02)	混凝土结构(01)	模板(01)	模板安装检验批	02010101001
			钢筋(02)	钢筋材料检验批	02010201001
				钢筋加工检验批	02010202001
				钢筋连接检验批	02010203001
				钢筋安装检验批	02010204001
			混凝土(03)	混凝土原材料检验批	02010301001
				混凝土拌合物检验批	02010302001
				混凝土施工检验批	02010303001
			预应力(04)	预应力材料检验批	02010401001
				预应力制作与安装检验批	02010402001
				预应力张拉与放张检验批	02010403001
				预应力灌浆与封锚检验批	02010404001
			现浇结构(05)	现浇结构外观质量、位置和尺寸偏差检验批	02010501001
				混凝土设备基础外观质量、位置和尺寸偏差检验批	02010502001
			装配式结构(06)	装配式结构预制构件检验批	02010601001
				装配式结构安装与连接检验批	02010602001
		砌体结构(02)	砖砌体(01)	砖砌体检验批	02020101001
			混凝土小型空心砌块砌体(02)	混凝土小型空心砌块砌体检验批	02020201001
			石砌体(03)	石砌体检验批	02020301001
			配筋砌体(04)	配筋砌体检验批	02020401001
			填充墙砌体(05)	填充墙砌体检验批	02020501001
			装饰多孔复合加夹心墙(06)	装饰多孔复合加夹心墙检验批	02020601001

续表

序号	分部工程	子分部工程	分项工程	检验批名称	检验批编号
2	主体结构(02)	钢结构(03)	钢结构焊接(01)	钢结构焊接检验批	02030101001
				焊钉(栓钉)焊接检验批	02030102001
			钢结构紧固件连接(02)	紧固件链接检验批	02030201001
				高强螺栓连接检验批	02030202001
			钢零部件加工(03)	钢零部件加工检验批	02030301001
			钢构件组装与预拼装(04)	钢构件组装检验批	02030401001
				钢结构预拼装检验批	02030402001
			单层钢结构安装(05)	单层钢结构安装检验批	02030501001
			多层钢结构安装(06)	多层钢结构安装检验批	02030601001
			钢管结构安装(07)	钢网架制作检验批	02030701001
				钢网架安装检验批	02030702001
			预应力钢索和膜结构(08)	预应力钢索和膜结构检验批	02030801001
			压型金属板(09)	压型金属板检验批	02030901001
			防腐涂料涂装(10)	防腐涂料涂装检验批	02031001001
			防火涂料涂装(11)	防火涂料涂装检验批	02031101001
		钢管混凝土结构(04)	构件现场拼装(01)	钢管构件进场验收检验批	02040101001
				钢管混凝土构件现场拼装检验批	02040102001
			构件安装(02)	钢管混凝土柱柱脚锚固检验批	02040201001
				钢管混凝土构件安装检验批	02040202001
			钢管焊接(03)	钢管混凝土柱与钢筋混凝土梁连接检验批	02040301001
			构件连接(04)	钢管混凝土柱与钢筋混凝土梁连接检验批	02040401001
			钢管内钢筋骨架(05)	钢管内钢筋骨架检验批	02040501001
			混凝土(06)	钢管内混凝土检验批	02040601001
		型钢混凝土结构(05)	型钢焊接(01)	型钢混凝土结构型钢焊接检验批	02050101001
			紧固件连接(02)	型钢混凝土结构紧固件连接检验批	02050201001
			型钢与钢筋连接(03)	型钢混凝土结构型钢与钢筋连接检验批	02050301001
			型钢构件组装及预拼装(04)	型钢混凝土结构型钢构件组装及预拼装验批	02050401001
			型钢安装(05)	型钢混凝土结构型钢安装检验批	02050501001
			模板(06)	型钢混凝土结构模板检验批	02050601001
			混凝土(07)	型钢混凝土结构混凝土检验批	02050701001
		铝合金结构(06)	铝合金焊接(01)	焊接材料检验批	02060101001
				铝合金构件焊接检验批	02060102001
			紧固件连接(02)	标准紧固件检验批	02060201001
				普通紧固件连接检验批	02060202001
				高强度螺栓连接检验批	02060203001
			铝合金零部件加工(03)	铝合金材料检验批	02060301001
				铝合金零部件切割加工检验批	02060302001
				铝合金零部件边缘加工检验批	02060303001
				球、毂加工检验批	02060304001
				铝合金零部件制孔检验批	02060305001
				铝合金零部件槽、豁、榫加工检验批	02060306001
			铝合金构件组装(04)	螺栓球检验批	02060401001
				铝合金构件组装检验批	02060402001
				铝合金构件端部铣平及安装焊缝坡口检验批	02060403001
			铝合金构件预拼装(05)	铝合金构件预拼装检验批	02060501001

续表

序号	分部工程	子分部工程	分项工程	检验批名称	检验批编号
2	主体结构 (02)	铝合金 结构(06)	铝合金框架结构安装(06)	铝合金框架结构基础和支承面检验批	02060601001
				铝合金框架结构总拼和安装检验批	02060602001
			铝合金空间网格结构安装(07)	铝合金空间网格结构支承面检验批	02060701001
				铝合金空间网格结构总拼和安装检验批	02060702001
			铝合金面板(08)	铝合金面板检验批	02060801001
				铝合金面板制作检验批	02060802001
				铝合金面板安装检验批	02060803001
			铝合金幕墙结构安装(09)	铝合金幕墙结构支承面检验批	02060901001
				铝合金幕墙结构总拼和安装检验批	02060902001
			防腐处理(10)	其他材料检验批	02061001001
				阳极氧化检验批	02061002001
				涂装检验批	02061003001
				隔离检验批	02061004001
		木结构 (07)	方木和原木结构(01)	方木和原木结构检验批	02070101001
			胶合木结构(02)	胶合木结构检验批	02070201001
			轻型木结构(03)	轻型木结构检验批	02070301001
			木结构防护(04)	木结构防护检验批	02070401001
		装配式 混凝土 结构(08)	模板工程(01)	模板工程安装检验批	02080101001
			钢筋工程(02)	钢筋安装检验批	02080201001
			混凝土工程(03)	混凝土施工检验批	02080301001
			预制构件(04)	预制楼梯、楼梯板构件检验批	02080401001
				预制梁、柱构件进场检验批	02080402001
				预制桁架构件进场检验批	02080403001
				预制墙板构件进场检验批	02080404001
				预制板类(含叠合板)水平构件安装检验批	02080405001
				(余略)	
3	建筑装饰 装修(03)	抹灰工程 (01)	一般抹灰(01)	一般抹灰检验批	03010101001
			保温层薄抹灰(02)	保温层薄抹灰检验批	03010201001
			装饰抹灰(03)	装饰抹灰检验批	03010301001
			清水砌体勾缝(04)	清水砌体勾缝检验批	03010401001
		外墙防水 工程(02)	砂浆防水(01)	外墙砂浆防水检验批	03020101001
			涂膜防水(02)	外墙涂膜防水检验批	03020201001
			透气膜防水(03)	外墙透气膜防水检验批	03020301001
		门窗工程 (03)	木门窗安装(01)	木门窗安装检验批	03030101001
			金属门窗安装(02)	钢门窗安装检验批	03030201001
				铝合金门窗安装检验批	03030202001
				涂色镀锌钢板门窗安装检验批	03030203001
			塑料门窗安装(03)	塑料门窗安装检验批	03030301001
			特种门安装(04)	特种门安装检验批	03030401001
			门窗玻璃安装(05)	门窗玻璃安装检验批	03030501001
		吊顶工程 (04)	整体面层吊顶(01)	整体面层暗龙骨吊顶检验批	03040101001
				整体面层明龙骨吊顶检验批	03040102001
			板块面层吊顶(02)	板块面层暗龙骨吊顶检验批	03040201001
				板块面层明龙骨吊顶检验批	03040202001
			格栅吊顶(03)	格栅暗龙骨吊顶检验批	03040301001

序号	分部工程	子分部工程	分 项 工 程	检验批名称	检验批编号
3	建筑装饰装修(03)	轻质隔墙工程(05)	板材隔墙(01)	板材隔墙检验批	03050101001
			骨架隔墙(02)	骨架隔墙检验批	03050201001
			活动隔墙(03)	活动隔墙检验批	03050301001
			玻璃隔墙(04)	玻璃隔墙检验批	03050401001
		饰面板工程(06)	石材安装(01)	石材安装检验批	03060101001
			陶瓷板安装(02)	陶瓷板安装检验批	03060201001
			木板安装(03)	木板安装检验批	03060301001
			金属板安装(04)	金属板安装检验批	03060401001
			塑料板安装(05)	塑料板安装检验批	03060501001
		饰面砖工程(07)	外墙饰面砖粘贴(01)	外墙饰面砖粘贴检验批	03070101001
			内墙饰面砖粘贴(02)	内墙饰面砖粘贴检验批	03070201001
		幕墙工程(08)	玻璃幕墙安装(01)	玻璃幕墙安装检验批	03080101001
			金属幕墙安装(02)	金属幕墙安装检验批	03080201001
			石材幕墙安装(03)	石材幕墙安装检验批	03080301001
			陶板幕墙安装(04)	陶板幕墙安装检验批	03080401001
		涂饰工程(09)	水性涂料涂饰(01)	水性涂料涂饰检验批	03090101001
			溶剂型涂料涂饰(02)	溶剂型涂料涂饰检验批	03090201001
			美术涂饰(03)	美术涂饰检验批	03090301001
		裱糊与软包工程(10)	裱糊(01)	裱糊检验批	03100101001
			软包(02)	软包检验批	03100201001
		细部工程(11)	橱柜制作与安装(01)	橱柜制作与安装检验批	03110101001
			窗帘盒和窗台板制作与安装(02)	窗帘盒和窗台板制作与安装检验批	03110201001
			门窗套制作与安装(03)	门窗套制作与安装检验批	03110301001
			护栏和扶手制作与安装(04)	护栏和扶手制作与安装检验批	03110401001
			花饰制作与安装(05)	花饰制作与安装检验批	03110501001
		建筑地面工程(12)	基层铺设(01)	基土检验批	03120101001
				灰土垫层检验批	03120102001
				砂垫层和砂石垫层检验批	03120103001
				碎石垫层和碎砖垫层检验批	03120104001
				三合土垫层和四合土垫层检验批	03120105001
				炉渣垫层检验批	03120106001
				水泥混凝土垫层和陶粒混凝土垫层检验批	03120107001
				找平层检验批	03120108001
				隔离层检验批	03120109001
				填充层检验批	03120110001
				绝热层检验批	03120111001
			整体面层铺设(02)	水泥混凝土面层检验批	03120201001
				水泥砂浆面层检验批	03120202001
				水磨石面层检验批	03120203001
				硬化耐磨面层检验批	03120204001
				防油渗面层检验批	03120205001
				不发火(防爆)面层检验批	03120206001
				自流平面层检验批	03120207001
				涂料面层检验批	03120208001
				塑胶面层检验批	03120209001
				地面辐射供暖水泥混凝土面层检验批	03120210001
				地面辐射供暖水泥砂浆面层检验批	03120211001

续表

序号	分部工程	子分部工程	分项工程	检验批名称	检验批编号
3	建筑装饰装修(03)	建筑地面工程(12)	板块面层铺设(03)	砖面层检验批	03120301001
				大理石面层和花岗石面层检验批	03120302001
				预制板块面层检验批	03120303001
				料石面层检验批	03120304001
				塑料板面层检验批	03120305001
				活动地板面层检验批	03120306001
				金属板面层检验批	03120307001
				地毯面层检验批	03120308001
				地面辐射供暖砖面层检验批	03120309001
				地面辐射供暖大理石面层和花岗石面层检验批	03120310001
				地面辐射供暖预制板块面层检验批	03120311001
				地面辐射供暖塑料板面层检验批	03120312001
			木、竹面层铺设(04)	实木地板、实木集成地板、竹地板面层检验批	03120401001
				实木复合地板面层检验批	03120402001
				浸渍纸层压木质地板面层检验批	03120403001
				软木类地板面层检验批	03120404001
				地面辐射供暖实木复合地板面层检验批	03120405001
				地面辐射供暖浸渍纸层压木质地板面层检验批	03120406001
4	建筑屋面(04)	基层与保护(01)	找坡层(01)	找坡层检验批	04010101001
			找平层(02)	找平层检验批	04010201001
			隔汽层(03)	隔汽层检验批	04010301001
			隔离层(04)	隔离层检验批	04010401001
			保护层(05)	保护层检验批	04010501001
		保温与隔热(02)	板状材料保温层(01)	板状材料保温层检验批	04020101001
			纤维材料保温层(02)	纤维材料保温层检验批	04020201001
			喷涂硬泡聚氨酯保温层(03)	喷涂硬泡聚氨酯保温层检验批	04020301001
			现浇泡沫混凝土保温层(04)	现浇泡沫混凝土保温层检验批	04020401001
			种植隔热层(05)	种植隔热层检验批	04020501001
			架空隔热层(06)	架空隔热层检验批	04020601001
			蓄水隔热层(07)	蓄水隔热层检验批	04020701001
		防水与密封(03)	卷材防水层(01)	卷材防水层检验批	04030101001
			涂膜防水层(02)	涂膜防水层检验批	04030201001
			复合防水层(03)	复合防水层检验批	04030301001
			接缝密封防水(04)	接缝密封防水检验批	04030401001
		瓦面与面(04)	烧结瓦和混凝土瓦铺装(01)	烧结瓦和混凝土瓦铺装检验批	04040101001
			沥青瓦铺装(02)	沥青瓦铺装检验批	04040201001
			金属板铺装(03)	金属板铺装检验批	04040301001
			玻璃采光顶铺装(04)	玻璃采光顶铺装检验批	04040401001
		细部构造(05)	檐口(01)	檐口检验批	04050101001
			檐沟和天沟(02)	檐沟和天沟检验批	04050201001
			女儿墙和山墙(03)	女儿墙和山墙检验批	04050301001
			水落口(04)	水落口检验批	04050401001
			变形缝(05)	变形缝检验批	04050501001
			伸出屋面管道(06)	伸出屋面管道检验批	04050601001
			屋面出入口(07)	屋面出入口检验批	04050701001
			反梁过水孔(08)	反梁过水孔检验批	04050801001
			设施基座(09)	设施基座检验批	04050901001

续表

序号	分部工程	子分部工程	分 项 工 程	检验批名称	检验批编号
5	建筑给水排水及供暖(05)	室内给水系统(01)	给水管道及配件安装(01)	给水管道及配件安装检验批	05010101001
			给水设备安装(02)	给水设备安装检验批	05010201001
			室内消火栓系统安装(03)	室内消火栓系统安装检验批	05010301001
			消防喷淋系统安装(04)	消防喷淋系统安装检验批	05010401001
		室内排水系统(02)	排水管道及配件安装(01)	排水管道及配件安装检验批	05020101001
			雨水管道及配件安装(02)	雨水管道及配件安装检验批	05020201001
		室内热水系统(03)	管道及配件安装(01)	室内热水系统管道及配件安装检验批	05030101001
			辅助设备安装(02)	室内热水系统辅助设备安装检验批	05030201001
			防腐(03)	室内热水系统防腐检验批	05030301001
		卫生器具(04)	卫生器具安装(01)	卫生器具安装检验批	05040101001
			卫生器具给水配件安装(02)	卫生器具给水配件安装检验批	05040201001
			卫生器具排水管道安装(03)	卫生器具排水管道安装检验批	05040301001
		室内供暖系统(05)	管道及配件安装(01)	室内供暖系统管道及配件安装检验批	05050101001
			辅助设备安装(02)	室内供暖系统辅助设备安装检验批	05050201001
			散热器安装(03)	室内供暖系统散热器安装检验批	05050301001
			低温热水地板辐射供暖系统安装(04)	低温热水地板辐射供暖系统安装检验批	05050401001
			电加热供暖系统安装(05)	电加热供暖系统安装检验批	05050501001
			燃气红外辐射供暖系统安装(06)	燃气红外辐射供暖系统安装检验批	05050601001
			热风供暖系统安装(07)	热风供暖系统安装检验批	05050701001
			热计量及调控装置安装(08)	热计量及调控装置安装检验批	05050801001
		室外给水管网(06)	给水管道安装(01)	室外给水管网给水管道安装检验批	05060101001
			室外消火栓系统安装(02)	室外消火栓系统安装检验批	05060201001
		室外排水管网(07)	排水管道安装(01)	室外排水管网排水管道安装检验批	05070101001
			排水管沟与井池(02)	室外排水管网排水管沟与井池检验批	05070201001
		室外供热管网(08)	管道及配件安装(01)	室外供热管网管道及配件安装检验批	05080101001
			系统水压试验(02)	室外供热管网系统水压试验及调试检验批	05080201001
			土建结构(03)	室外供热管网土建结构检验批	05080301001
		建筑饮用水供应系统(09)	管道及配件安装(01)	建筑饮用水供应系统管道及配件安装检验批	05090101001
			水处理设备及控制设施安装(02)	建筑饮用水供应系统水处理设备及控制设施安装检验批	05090201001
			防腐(03)	建筑饮用水供应系统防腐检验批	05090301001
			绝热(04)	建筑饮用水供应系统绝热检验批	05090401001
			试验与调试(05)	建筑饮用水供应系统试验与调试检验批	05090501001
		建筑中水系统及雨水利用系统(10)	建筑中水系统(01)	建筑中水系统检验批	05100101001
			雨水利用系统管道及配件安装(02)	雨水利用系统管道及配件安装检验批	05100201001
			水处理设备及控制设施安装(03)	建筑中水系统及雨水利用系统水处理设备及控制设施安装检验批	05100301001
			防腐(04)	建筑中水系统及雨水利用系统防腐检验批	05100401001
			绝热(05)	建筑中水系统及雨水利用系统绝热检验批	05100501001

续表

序号	分部工程	子分部工程	分项工程	检验批名称	检验批编号
5	建筑给水排水及供暖(05)	游泳池及公共浴池水系统(11)	管道及配件系统安装(01)	游泳池及公共浴池水系统管道及配件系统安装检验批	05110101001
			水处理设备及控制设施安装(02)	游泳池及公共浴池水系统水处理设备及控制设施安装检验批	05110201001
			防腐(03)	游泳池及公共浴池水系统防腐检验批	05110301001
			绝热(04)	游泳池及公共浴池水系统绝热检验批	05110401001
			试验与调试(05)	游泳池及公共浴池水系统试验与调试检验批	05110501001
		水景喷泉系统(12)	管道系统及配件安装(01)	水景喷泉系统管道系统及配件安装检验批	05120101001
			防腐(02)	水景喷泉系统防腐检验批	05120201001
			绝热(03)	水景喷泉系统绝热检验批	05120301001
			试验与调试(04)	水景喷泉系统试验与调试检验批	05120401001
		热源及辅助设备(13)	锅炉安装(01)	锅炉安装检验批	05130101001
			辅助设备及管道安装(02)	辅助设备及管道安装检验批	05130201001
			安全附件安装(03)	安全附件安装检验批	05130301001
			换热站安装(04)	换热站安装检验批	05130401001
			绝热(05)	热源及辅助设备绝热检验批	05130501001
			试验与调试(06)	热源及辅助设备试验与调试检验批	05130601001
		监测与控制仪表(14)	检测仪器及仪表安装(01)	检测仪器及仪表安装检验批	05140101001
			试验与调试(02)	监测与控制仪表试验与调试检验批	05140201001
6	通风与空调(06)	送风系统(01)	风管与配件制作(01)	风管与配件产成品检验批(金属风管)	06010101001
			部件制作(02)	风管部件与消声器产成品检验批	06010201001
			风管系统安装(03)	风管系统安装检验批(送风系统)	06010301001
			空气处理设备安装(04)	风机与空气处理设备安装检验批(通风系统)	06010401001
			风管与设备防腐(05)	防腐与绝热施工检验批验收质量记录(风管系统与设备)	06010501001
			风机安装(06)	旋流风口、岗位送风口、织物(布)风管安装检验批	06010601001
			系统调试(07)	工程系统调试检验批(单机试运行及调试)	06010701001
		排风系统(02)	风管与配件制作(01)	风管与配件产成品检验批(金属风管)	06020101001
			部件制作(02)	风管部件与消声器产成品检验批	06020201001
			风管系统安装(03)	风管系统安装检验批(排风系统)	06020301001
			空气处理设备安装(04)	风机与空气处理设备安装检验批(通风系统)	06020401001
			风管与设备防腐(05)	防腐与绝热施工检验批(风管系统与设备)	06020501001
			风机安装(06)	吸风罩及其他空气处理设备安装检验批	06020601001
			系统调试(07)	工程系统调试检验批(单机试运行及调试)	06020701001

续表

序号	分部工程	子分部工程	分项工程	检验批名称	检验批编号
6	通风与空调(06)	防排烟系统(03)	风管与配件制作(01)	风管与配件产成品检验批(金属风管)	06030101001
			部件制作(02)	风管部件与消声器产成品检验批	06030201001
			风管系统安装(03)	风管系统安装检验批(防、排烟系统)	06030301001
			防排烟风口(04)	风机与空气处理设备安装检验批(通风系统)	06030401001
			风管与设备防腐(05)	防腐与绝热施工检验批(风管系统与设备)	06030501001
			风机安装(06)	排烟风阀(口)、常闭正压风口、防火风管安装检验批	06030601001
			系统调试(07)	工程系统调试检验批(单机试运行及调试)	06030701001
		除尘系统(04)	风管与配件制作(01)	风管与配件制作检验批	06040101001
			部件制作(02)	部件制作检验批	06040201001
			风管系统安装(03)	风管系统安装检验批	06040301001
			风机与空气处理设备安装(04)	风机与空气处理设备安装检验批	06040401001
			风管与设备防腐(05)	风管与设备防腐检验批	06040501001
			除尘器与排污设备安装(06)	除尘器与排污设备安装检验批	06040601001
			吸尘罩安装(07)	吸尘罩安装检验批	06040701001
			高温风管绝热(08)	高温风管绝热检验批	06040801001
			系统调试(09)	系统调试检验批	06040901001
		舒适性空调系统(05)	风管与配件制作(01)	风管与配件制作检验批	06050101001
			部件制作(02)	部件制作检验批	06050201001
			风管系统安装(03)	风管系统安装检验批	06050301001
			风机与空气处理设备安装(04)	风机与空气处理设备安装检验批	06050401001
			风管与设备防腐(05)	风管与设备防腐检验批	06050501001
		恒温恒湿空调系统(06)	风管与配件制作(01)	风管与配件制作检验批	06060101001
			部件制作(02)	部件制作检验批	06060201001
			风管系统安装(03)	风管系统安装检验批	06060301001
			风机与空气处理设备安装(04)	风机与空气处理设备安装检验批	06060401001
			风管与设备防腐(05)	风管与设备防腐检验批	06060501001
			组合式空调机组安装(06)	组合式空调机组安装检验批	06060601001
		净化空调系统(07)	风管与配件制作(01)	风管与配件制作检验批	06070101001
			部件制作(02)	部件制作检验批	06070201001
			风管系统安装(03)	风管系统安装检验批	06070301001
			风机与空气处理设备安装(04)	风机与空气处理设备安装检验批	06070401001
			风管与设备防腐(05)	风管与设备防腐检验批	06070501001
			净化空调机组安装(06)	净化空调机组安装检验批	06070601001
			消声器、静电除尘器、换热器、紫外线灭菌器等设备安装(07)	消声器、静电除尘器、换热器、紫外线灭菌器等设备安装检验批	06070701001
			中、高效过滤器及风机过滤器单元等末端设备清洗与安装(08)	中、高效过滤器及风机过滤器单元等末端设备清洗与安装检验批	06070801001
			洁净度测试(09)	洁净度测试检验批	06070901001
			风管与设备绝热(10)	风管与设备绝热检验批	06071001001

续表

序号	分部工程	子分部工程	分项工程	检验批名称	检验批编号
6	通风与空调(06)	地下人防通风系统(08)	风管与配件制作(01)	风管与配件制作检验批	06080101001
			部件制作(02)	部件制作检验批	06080201001
			风管系统安装(03)	风管系统安装检验批	06080301001
			风机与空气处理设备安装(04)	风机与空气处理设备安装检验批	06080401001
			风管与设备防腐(05)	风管与设备防腐检验批	06080501001
		真空吸尘系统(09)	风管与配件制作(01)	风管与配件制作检验批	06090101001
			部件制作(02)	部件制作检验批	06090201001
			风管系统安装(03)	风管系统安装检验批	06090301001
			风机与空气处理设备安装(04)	风机与空气处理设备安装检验批	06090401001
			风管与设备防腐(05)	风管与设备防腐检验批	06090501001
			管道安装(06)	管道安装检验批	06090601001
			快速接口安装(07)	快速接口安装检验批	06090701001
			风机与滤尘设备安装(08)	风机与滤尘设备安装检验批	06090801001
			系统压力试验与调试(09)	系统压力试验与调试检验批	06090901001
		冷凝水系统(10)	管道系统及部件安装(01)	管道系统及部件安装检验批	06100101001
			水泵及附属设备安装(02)	水泵及附属设备安装检验批	06100201001
			管道冲洗(03)	管道冲洗检验批	06100301001
			管道、设备防腐，板式热交换器(04)	管道、设备防腐，板式热交换器检验批	06100401001
		空调(冷、热)水系统(11)	管道系统及部件安装(01)	管道系统及部件安装检验批	06110101001
			水泵及附属设备安装(02)	水泵及附属设备安装检验批	06110201001
			管道冲洗(03)	管道冲洗检验批	06110301001
			管道、设备防腐(04)	管道、设备防腐检验批	06110401001
			冷却塔与水处理设备安装(05)	冷却塔与水处理设备安装检验批	06110501001
		冷却水系统(12)	管道系统及部件安装(01)	管道系统及部件安装检验批	06120101001
			水泵及附属设备安装(02)	水泵及附属设备安装检验批	06120201001
			管道冲洗(03)	管道冲洗检验批	06120301001
			管道、设备防腐(04)	管道、设备防腐检验批	06120401001
			系统灌水渗漏及排放试验(05)	系统灌水渗漏及排放试验检验批	06120501001
		土壤源热泵换热系统(13)	管道系统及部件安装(01)	管道系统及部件安装检验批	06130101001
			水泵及附属设备安装(02)	水泵及附属设备安装检验批	06130201001
			管道冲洗(03)	管道冲洗检验批	06130301001
			管道、设备防腐(04)	管道、设备防腐检验批	06130401001
			地换热系统与管网安装(05)	地换热系统与管网安装检验批	06130501001
			管道、设备绝热(06)	管道、设备绝热检验批	06130601001
		水源热泵换热系统(14)	管道系统及部件安装(01)	管道系统及部件安装检验批	06140101001
			水泵及附属设备安装(02)	水泵及附属设备安装检验批	06140201001
			管道冲洗(03)	管道冲洗检验批	06140301001
			管道、设备防腐(04)	管道、设备防腐检验批	06140401001
			地表水源换热管及管网安装(05)	地表水源换热管及管网安装检验批	06140501001
			除垢设备安装(06)	除垢设备安装检验批	06140601001
			管道、设备绝热(07)	管道、设备绝热检验批	06140701001
			系统压力试验及调试(08)	系统压力试验及调试检验批	06140801001

续表

序号	分部工程	子分部工程	分项工程	检验批名称	检验批编号
6	通风与空调(06)	蓄能系统(15)	管道系统及部件安装(01)	管道系统及部件安装检验批	06150101001
			水泵及附属设备安装(02)	水泵及附属设备安装检验批	06150201001
			管道冲洗(03)	管道冲洗检验批	06150301001
		压缩式制冷(热)设备系统(16)	制冷机组及附属设备安装(01)	制冷机组及附属设备安装检验批	06160101001
			管道、设备防腐(02)	管道、设备防腐检验批	06160201001
			制冷剂管道及部件安装(03)	制冷剂管道及部件安装检验批	06160301001
			制冷剂灌注(04)	制冷剂灌注检验批	06160401001
			管道、设备绝热(05)	管道、设备绝热检验批	06160501001
		吸收式制冷设备系统(17)	制冷机组及附属设备安装(01)	制冷机组及附属设备安装检验批	06170101001
			管道、设备防腐(02)	管道、设备防腐检验批	06170201001
			系统真空试验(03)	系统真空试验检验批	06170301001
			溴化锂溶液加灌(04)	溴化锂溶液加灌检验批	06170401001
			蒸汽管道系统安装(05)	蒸汽管道系统安装检验批	06170501001
			燃气或燃油设备安装(06)	燃气或燃油设备安装检验批	06170601001
		多联机(热泵)空调系统(18)	室外机组安装(01)	室外机组安装检验批	06180101001
			室内机组安装(02)	室内机组安装检验批	06180201001
			制冷剂管路连接及控制开关安装(03)	制冷剂管路连接及控制开关安装检验批	06180301001
			风管安装(04)	风管安装检验批(04)	06180401001
			冷凝水管道安装(05)	冷凝水管道安装检验批	06180501001
			制冷剂灌注(06)	制冷剂灌注检验批	06180601001
		太阳能供暖空调系统(19)	太阳能集热器安装(01)	太阳能集热器安装检验批	06190101001
			其他辅助能源(02)	其他辅助能源检验批	06190201001
			换热设备安装(03)	换热设备安装检验批	06190301001
			蓄能水箱、管道及配件安装(04)	蓄能水箱、管道及配件安装检验批	06190401001
			低温热水地板辐射采暖系统安装(05)	低温热水地板辐射采暖系统安装检验批	06190501001
		设备自控系统(20)	温度、压力与流量传感器安装(01)	温度、压力与流量传感器安装检验批	06200101001
			执行机构安装调试(02)	执行机构安装调试检验批	06200201001
			防排烟系统功能测试(03)	防排烟系统功能测试检验批	06200301001
			自动控制及系统智能控制软件调试(04)	自动控制及系统智能控制软件调试检验批	06200401001
7	建筑电气(07)	室外电气(01)	变压器、箱式变电所安装(01)	变压器、箱式变电所安装检验批	07010101001
			成套配电柜、控制(02)	成套配电柜、控制检验批	07010201001
			梯架、支架、托盘和槽盒安装(03)	梯架、支架、托盘和槽盒安装检验批	07010301001
			导管敷设(04)	导管敷设检验批	07010401001
			电缆敷设(05)	电缆敷设检验批	07010501001
			管内穿线和槽盒内敷线(06)	管内穿线和槽盒内敷线检验批	07010601001

续表

序号	分部工程	子分部工程	分项工程	检验批名称	检验批编号
7	建筑电气（07）	室外电气（01）	电缆头制作（07）	电缆头制作检验批	07010701001
			普通灯具安装（08）	普通灯具安装检验批	07010801001
			专用灯具安装（09）	专用灯具安装检验批	07010901001
			建筑照明通电试运行（10）	建筑照明通电试运行检验批	07011001001
			接地装置安装（11）	接地装置安装检验批	07011101001
		变配电室（02）	变压器、箱式变电所安装（01）	变压器、箱式变电所安装检验批	07020101001
			成套配电柜、控制柜（屏、台）和动力、照明配电箱（盘）安装（02）	成套配电柜、控制柜（屏、台）和动力、照明配电箱（盘）安装检验批	07020201001
			母线槽安装（03）	母线槽安装检验批	07020301001
			梯架、支架、托盘和槽盒安装（04）	梯架、支架、托盘和槽盒安装检验批	07020401001
			电缆敷设（05）	电缆敷设检验批	07020501001
			电缆头制作、导线连接和线路绝缘测试（06）	电缆头制作、导线连接和线路绝缘测试检验批	07020601001
			接地装置安装（07）	接地装置安装检验批	07020701001
			接地干线敷设（08）	接地干线敷设检验批	07020801001
		供电干线（03）	电气设备试验和试运行（01）	电气设备试验和试运行检验批	07030101001
			母线槽安装（02）	母线槽安装检验批	07030201001
			梯架、支架、托盘和槽盒安装（03）	梯架、支架、托盘和槽盒安装检验批	07030301001
			导管敷设（04）	导管敷设检验批	07030401001
			电缆敷设（05）	电缆敷设检验批	07030501001
			管内穿线和槽盒内敷线（06）	管内穿线和槽盒内敷线检验批	07030601001
			电缆头制作、导线连接（07）	电缆头制作、导线连接检验批	07030701001
			接地干线敷设（08）	接地干线敷设检验批	07030801001
		电气动力（04）	成套配电柜、控制柜（屏、台）和动力配电箱（盘）（01）	成套配电柜、控制柜（屏、台）和动力配电箱（盘）检验批	07040101001
			电动机、电加热器及电动执行机构检查接线（02）	电动机、电加热器及电动执行机构检查接线检验批	07040201001
			电气设备试验和试运行（03）	电气设备试验和试运行检验批	07040301001
			梯架、支架、托盘和槽盒安装（04）	梯架、支架、托盘和槽盒安装检验批	07040401001
			导管敷设（05）	导管敷设检验批	07040501001
			电缆敷设（06）	电缆敷设检验批	07040601001
			管内穿线和槽盒内敷线（07）	管内穿线和槽盒内敷线检验批	07040701001
			电缆头制作、导线连接和线路绝缘测试（08）	电缆头制作、导线连接和线路绝缘测试检验批	07040801001
		电气照明（05）	成套配电柜、控制柜（屏、台）和照明配电箱（盘）（01）	成套配电柜、控制柜（屏、台）和照明配电箱（盘）检验批	07050101001
			梯架、支架、托盘和槽盒安装（02）	梯架、支架、托盘和槽盒安装检验批	07050201001
			导管敷设（03）	导管敷设检验批	07050301001
			管内穿线和槽盒内敷线（04）	管内穿线和槽盒内敷线检验批	07050401001
			塑料护套线直敷布线（05）	塑料护套线直敷布线检验批	07050501001
			钢索配线（06）	钢索配线检验批	07050601001
			电缆头制作、导线连接和线路绝缘测试（07）	电缆头制作、导线连接和线路绝缘测试检验批	07050701001

序号	分部工程	子分部工程	分 项 工 程	检验批名称	检验批编号
7	建筑电气（07）	电气照明（05）	普通灯具安装（08）	普通灯具安装检验批	07050801001
			专用灯具安装（09）	专用灯具安装检验批	07050901001
			开关、插座、风扇安装（10）	开关、插座、风扇安装检验批	07051001001
			建筑照明通电试运行（11）	建筑照明通电试运行检验批	07051101001
		备用和不间断电源（06）	成套配电柜、控制柜（屏、台）和动力、照明配（01）	成套配电柜、控制柜（屏、台）和动力、照明配检验批	07060101001
			柴油发电机组安装（02）	柴油发电机组安装检验批	07060201001
			不间断电源装置及应急电源装置安装（03）	不间断电源装置及应急电源装置安装检验批	07060301001
			母线槽安装（04）	母线槽安装检验批	07060401001
			导管敷设（05）	导管敷设检验批	07060501001
			电缆敷设（06）	电缆敷设检验批	07060601001
			管内穿线和槽盒内敷线（07）	管内穿线和槽盒内敷线检验批	07060701001
			电缆头制作、导线连接和线路绝缘测试（08）	电缆头制作、导线连接和线路绝缘测试检验批	07060801001
			接地装置安装（09）	接地装置安装检验批	07060901001
		防雷及接地（07）	接地装置安装（01）	接地装置安装检验批	07070101001
			防雷引下线及接闪器安装（02）	防雷引下线及接闪器安装检验批	07070201001
			建筑物等电位连接（03）	建筑物等电位连接检验批	07070301001
			浪涌保护器安装（04）	浪涌保护器安装检验批	07070401001
8	智能建筑（08）	智能化集成系统（01）	设备安装（01）	设备安装检验批	08010101001
			软件安装（02）	软件安装检验批	08010201001
			接口及系统调试（03）	接口及系统调试检验批	08010301001
			试运行（04）	试运行检验批	08010401001
		信息接入系统（02）	安装场地检查（01）	安装场地检查检验批	08020101001
		用户电话（03）	线缆敷设（01）	线缆敷设检验批	08030101001
		交换系统（04）	设备安装（01）	设备安装检验批	08040101001
			软件安装（02）	软件安装检验批	08040201001
			接口及系统调试（03）	接口及系统调试检验批	08040301001
			试运行（04）	试运行检验批	08040401001
		信息网络系统（05）	计算机网络设备安装（01）	计算机网络设备安装检验批	08050101001
			计算机网络软件安装（02）	计算机网络软件安装检验批	08050201001
			网络安全设备安装（03）	网络安全设备安装检验批	08050301001
			网络安全软件安装（04）	网络安全软件安装检验批	08050401001
			系统调试（05）	系统调试检验批	08050501001
			试运行（06）	试运行检验批	08050601001
		综合布线系统（06）	梯架、托盘、槽盒和导管安装（01）	梯架、托盘、槽盒和导管安装检验批	08060101001
			线缆敷设（02）	线缆敷设检验批（02）	08060201001
			机柜、机架、配线架安装（03）	机柜、机架、配线架安装检验批	08060301001
			信息插座安装（04）	信息插座安装检验批	08060401001
			链路或信道测试（05）	链路或信道测试检验批	08060501001
			软件安装（06）	软件安装检验批	08060601001
			系统调试（07）	系统调试检验批	08060701001
			试运行（08）	试运行检验批	08060801001
		移动通信室内信号覆盖系统（07）	安装场地检查（01）	安装场地检查检验批	08070101001

序号	分部工程	子分部工程	分 项 工 程	检验批名称	检验批编号
8	智能建筑 (08)	卫星通信 系统(08)	安装场地检查(01)	安装场地检查检验批	08080101001
		有线电视及 卫星电视 接收系统 (09)	梯架、托盘、槽盒和导管安装 (01)	梯架、托盘、槽盒和导管安装检验批	08090101001
			线缆敷设(02)	线缆敷设检验批	08090201001
			设备安装(03)	设备安装检验批	08090301001
			软件安装(04)	软件安装检验批	08090401001
			系统调试(05)	系统调试检验批	08090501001
			试运行(06)	试运行检验批	08090601001
		公共广播 系统(10)	梯架、托盘、槽盒和导管安装 (01)	梯架、托盘、槽盒和导管安装检验批	08100101001
			线缆敷设(02)	线缆敷设检验批	08100201001
			设备安装(03)	设备安装检验批	08100301001
			软件安装(04)	软件安装检验批	08100401001
			系统调试(05)	系统调试检验批	08100501001
			试运行(06)	试运行检验批	08100601001
		会议系统 (11)	梯架、托盘、槽盒和导管安装 (01)	梯架、托盘、槽盒和导管安装检验批	08110101001
			线缆敷设(02)	线缆敷设检验批	08110201001
			设备安装(03)	设备安装检验批	08110301001
			软件安装(04)	软件安装检验批	08110401001
			系统调试(05)	系统调试检验批	08110501001
			试运行(06)	试运行检验批	08110601001
		信息导引及 发布系统 (12)	梯架、托盘、槽盒和导管安装 (01)	梯架、托盘、槽盒和导管安装检验批	08120101001
			线缆敷设(02)	线缆敷设检验批	08120201001
			显示设备安装(03)	显示设备安装检验批	08120301001
			机房设备安装(04)	机房设备安装检验批	08120401001
			软件安装(05)	软件安装检验批	08120501001
			系统调试(06)	系统调试检验批	08120601001
			试运行(07)	试运行检验批	08120701001
		时钟系统 (13)	梯架、托盘、槽盒和导管安装 (01)	梯架、托盘、槽盒和导管安装检验批	08130101001
			线缆敷设(02)	线缆敷设检验批	08130201001
			设备安装(03)	设备安装检验批	08130301001
			软件安装(04)	软件安装检验批	08130401001
			系统调试(05)	系统调试检验批	08130501001
			试运行(06)	试运行检验批	08130601001
		信息化 应用系统 (14)	梯架、托盘、槽盒和导管安装 (01)	梯架、托盘、槽盒和导管安装检验批	08140101001
			线缆敷设(02)	线缆敷设检验批	08140201001
			设备安装(03)	设备安装检验批	08140301001
			软件安装(04)	软件安装检验批	08140401001
			系统调试(05)	系统调试检验批	08140501001
			试运行(06)	试运行检验批	08140601001
		建筑设备 监控系统 (15)	梯架、托盘、槽盒和导管安装 (01)	梯架、托盘、槽盒和导管安装检验批	08150101001
			线缆敷设(02)	线缆敷设检验批	08150201001

序号	分部工程	子分部工程	分项工程	检验批名称	检验批编号
8	智能建筑 (08)	建筑设备监控系统 (15)	传感器安装(03)	传感器安装检验批	08150301001
			执行器安装(04)	执行器安装检验批	08150401001
			控制器、箱安装(05)	控制器、箱安装检验批	08150501001
			中央管理工作站和操作分站设备安装(06)	中央管理工作站和操作分站设备安装检验批	08150601001
			软件安装(07)	软件安装检验批	08150701001
			系统调试(08)	系统调试检验批	08150801001
			试运行(09)	试运行检验批	08150901001
		火灾自动报警系统 (16)	梯架、托盘、槽盒和导管安装(01)	梯架、托盘、槽盒和导管安装检验批	08160101001
			线缆敷设(02)	线缆敷设检验批	08160201001
			探测器类设备安装(03)	探测器类设备安装检验批	08160301001
			控制器类设备安装(04)	控制器类设备安装检验批	08160401001
			其他设备安装(05)	其他设备安装检验批	08160501001
			软件安装(06)	软件安装检验批	08160601001
			系统调试(07)	系统调试检验批	08160701001
			试运行(08)	试运行检验批	08160801001
		安全技术防范系统 (17)	梯架、托盘、槽盒和导管安装(01)	梯架、托盘、槽盒和导管安装检验批	08170101001
			线缆敷设(02)	线缆敷设检验批	08170201001
			设备安装(03)	设备安装检验批	08170301001
			软件安装(04)	软件安装检验批	08170401001
			系统调试(05)	系统调试检验批	08170501001
			试运行(06)	试运行检验批	08170601001
		应急响应系统(18)	设备安装(01)	设备安装检验批	08180101001
			软件安装(02)	软件安装检验批	08180201001
			系统调试(03)	系统调试检验批	08180301001
			试运行(04)	试运行检验批	08180401001
		机房(19)	供配电系统(01)	供配电系统检验批	08190101001
			防雷与接地系统(02)	防雷与接地系统检验批	08190201001
			空气调节系统(03)	空气调节系统检验批	08190301001
			给水排水系统(04)	给水排水系统检验批	08190401001
			综合布线系统(05)	综合布线系统检验批	08190501001
			监控与安全防范系统(06)	监控与安全防范系统检验批	08190601001
			消防系统(07)	消防系统检验批	08190701001
			室内装饰装修(08)	室内装饰装修检验批	08190801001
			电磁屏蔽(09)	电磁屏蔽检验批	08190901001
			系统调试(10)	系统调试检验批	08191001001
			试运行(11)	试运行检验批	08191101001
		防雷与接地(20)	接地装置(01)	接地装置检验批	08200101001
			接地线(02)	接地线检验批	08200201001
			等电位连接(03)	等电位连接检验批	08200301001
			屏蔽设施(04)	屏蔽设施检验批	08200401001
			电涌保护器(05)	电涌保护器检验批	08200501001
			线缆敷设(06)	线缆敷设检验批	08200601001
			系统调试(07)	系统调试检验批	08200701001
			试运行(08)	试运行检验批	08200801001

续表

序号	分部工程	子分部工程	分 项 工 程	检验批名称	检验批编号
9	建筑节能 (09)	围护系统 节能(01)	墙体节能(01)	墙体节能检验批	09010101001
			幕墙节能(02)	幕墙节能检验批	09010201001
			门窗节能(03)	门窗节能检验批	09010301001
			屋面节能(04)	屋面节能检验批	09010401001
			地面节能(05)	地面节能检验批	09010501001
		供暖空调 设备及 管网节能 (02)	供暖节能(01)	供暖节能检验批	09020101001
			通风与空调 2016 设备节能 (02)	通风与空调 2016 设备节能检验批	09020201001
			冷热源及管网节能(03)	空调与供暖系统冷热源及管网节能检验批	09020301001
		电气动力 节能(03)	配电与照明节能(01)	配电与照明节能检验批	09030101001
		监控系统 节能(04)	监测与控制系统节能(01)	监测与控制系统节能检验批	09040101001
		可再生能源 (05)	地源热泵系统节能(01)	可再生能源地源热泵系统节能检验批	09050101001
			太阳能光热系统节能(02)	可再生能源太阳能光热系统节能检验批	09050201001
			太阳能光伏节能(03)	可再生能源太阳能光伏节能检验批	09050301001
10	电梯 (10)	电力驱动 的曳引式 或强制式 电梯(01)	设备进场验收(01)	电梯安装设备进场验收检验批	10010101001
			土建交接检验(02)	电梯安装土建交接检验检验批	10010201001
			驱动主机(03)	电梯安装驱动主机检验批	10010301001
			导轨(04)	电梯安装导轨检验批	10010401001
			门系统(05)	电梯安装门系统检验批	10010501001
			轿厢(06)	电梯安装轿厢检验批	10010601001
			对重(07)	电梯安装对重检验批	10010701001
			安全部件(08)	电梯安装安全部件检验批	10010801001
			悬挂装置(09)	电梯安装悬挂装置、随行电缆、补偿装置检验批	10010901001
			随行电缆、电气装置(10)	电梯安装悬挂装置、随行电缆、补偿装置检验批	10011001001
			整机安装验收(11)	电梯安装整机安装验收检验批	10011101001
		液压电梯 (02)	设备进场验收(01)	电梯安装设备进场验收检验批	10020101001
			土建交接检验(02)	电梯安装土建交接检验检验批	10020201001
			液压系统(03)	电梯安装液压系统检验批	10020301001
			导轨(04)	电梯安装导轨检验批	10020401001
			门系统(05)	电梯安装门系统检验批	10020501001
			轿厢(06)	电梯安装轿厢检验批	10020601001
			对重(07)	电梯安装对重检验批	10020701001
			安全部件(08)	电梯安装安全部件检验批	10020801001
			悬挂装置、随行电缆(09)	电梯安装悬挂装置、随行电缆检验批	10020901001
			电气装置(10)	电梯安装电气装置检验批	10021001001
			整机安装验收(11)	电梯安装整机安装验收检验批	10021101001
		自动扶梯、 自动人行道 (03)	设备进场验收(01)	自动扶梯、自动人行道设备进场验收检验批	10030101001
			土建交接检验(02)	自动扶梯、自动人行道土建交接检验检验批	10030201001

　　检验批编号一般采用 11 位数字,其中规则如下:第 1、2 位数字是分部工程的代码;第 3、4 位数字是子分部工程的代码;第 5、6 位数字是分项工程的代码;第 7、8 位数字是检验批的代码;第 9、10、11 位数字是各检验批验收的顺序号。同一检验批表格适用于不同分

部、子分部、分项工程时,表格分别编号,填表时按实际类别填写顺序号加以示区别;编号按所在分部、子分部、分项、检验批的代码、检验批顺序号的顺序排列。

根据《建筑工程施工质量验收统一标准》(GB 50300—2013)之 1.3.2 检验批质量验收要求的规定:检验批是工程验收的最小单位,是分项工程、分部工程、单位工程质量验收的基础。检验批验收包括资料检查、主控项目和一般项目检验。

质量控制资料反映了检验批从原材料到最终验收的各施工工程的操作依据、检查情况以及保证质量所需的管理制度等。对其他完整性的检查,实际是对过程控制的确认,是检验批合格的前提。

检验批的合格与否取决于对主控项目和一般项目的检验结果。主控项目是对检验批的质量起决定性影响的检验项目,须从严要求,主控项目不允许有不符合要求的检验结果。对于一般项目,虽然允许存在一定数量的不合格点,但某些不合格点的指标与合格要求偏差较大或存在严重缺陷时,仍将影响使用功能或观感质量,对于这些部位应进行维修处理。

检验批的抽样方案可根据检验项目的特点进行选择。计量、计数检验可分为全数检验和抽样检验两类。对于重要且易于检查的项目,可采用简易快速的非破损检验方法时,宜选用全数检验。

目前对施工质量的检验大多没有具体的抽样方案,样本选取的随意性较大,有时不能代表母体的质量情况,因此要求检验批的抽样应随机抽取,满足分布均匀、具有代表性的,抽样数量应符合有关专业验收规范的规定。当采用计数抽样时,最小抽样数量应符合(GB 50300—2013)之表 3.0.9 的要求。明显不合格的个体可不纳入检验批,但应进行处理,使其满足有关专业验收规范的规定,对处理的情况应予以记录并重新验收。

另外,目前各专业验收为了防范检验批验收缺乏依据支持,大多要求检验批质量验收必须具备相应检验批的现场检查原始记录(记录保留至竣工验收结束),现场检查原始记录作为附件以支持检验批的质量验收,按照规定应该提供而没有提供现场检查原始记录的检验批,视同检验批质量验收造假,目的是通过复核能否提供相应检验批的现场检查原始记录,加强检验批的质量验收环节的质量控制,这是各专业检验批验收的一个显著的变化。

附表 2 建筑工程安全管理常用标准、规范、规程更新版

类　别	规范标准名称	规范标准编号
施工企业安全生产标准	施工企业安全生产评价标准	JGJ/T 77—2010
	施工企业工程建设技术标准化管理规范	JGJ/T 198—2010
	建筑施工企业安全生产管理规范	GB 50656—2011
	建筑施工企业信息化评价标准	JGJ/T 272—2012
	企业安全生产标准化基本规范	GB/T 33000—2016
施工人员职业标准	建筑与市政工程施工现场专业人员职业标准	JGJ/T 250—2011
	建筑工程施工职业技能标准	JGJ/T 314—2016
	建筑装饰装修职业技能标准	JGJ/T 315—2016
	建筑工程安装职业技能标准	JGJ/T 306—2016
综合类	建筑施工安全检查标准	JGJ 59—2011
	市政工程施工安全检查标准	CJJ/T 275—2018
	职业健康安全管理体系	GB/T 28001—2011
	建设领域信息技术应用基本术语标准	JGJ/T 313—2013
	工程建设标准强制性条文（房屋建筑部分）	2013 版
	建设工程监理规范	GB/T 50319—2013
	建筑施工安全技术统一规范	GB 50870—2013
	建设工程项目管理规范	GB/T 50326—2017
	建设项目工程总承包管理规范	GB/T 50358—2017
	建筑施工易发事故防治安全标准	JGJ/T 429—2018
	安全防范工程技术标准	GB 50348—2018
	建筑施工安全管理规范	DB 33/1116—2015
	建筑工程施工安全隐患防治管理规范	DB 33/T 1107—2014
	浙江省建筑施工安全标准化管理规定	浙建建〔2012〕54 号
	浙江省建筑施工现场安全文明施工标准化图册	
施工现场环境	施工现场临时建筑物技术规范	JGJ/T 188—2009
	建筑施工场界噪声排放标准	GB 12523—2011
	建筑工程施工现场视频监控技术规范	JGJ/T 292—2012
	建筑工程施工过程结构分析与监测技术规范	JGJ/T 302—2013
	建筑施工临时支撑结构技术规范	JGJ 300—2013
	建设工程施工现场环境与卫生标准	JGJ 146—2013
	建筑燃气安全应用技术导则	CECS 364：2014
	安全标志及其使用导则	GB 2894—2008
	建筑工程施工现场标志设置技术规程	JGJ 348—2014
	建筑与市政工程地下水控制技术规范	JGJ 111—2016
	建筑工程冬期施工规程	JGJ/T 104—2011
	浙江省建筑工地施工扬尘控制导则	2017-10-18
	杭州市建筑施工现场安全文明施工标准化图册	

续表

类　　别	规范标准名称	规范标准编号
绿色施工	建筑工程绿色施工评价标准	GB/T 50640—2010
	建筑工程绿色施工规范	GB/T 50905—2014
	绿色建筑评价标准	GB/T 50378—2014
安全资料	建设工程施工现场安全资料管理规程	CECS 266：2009
	建筑施工组织设计规范	GB/T 50502—2009
	建筑工程资料管理规程	JGJ/T 185—2009
	建设工程文件归档规范	GB/T 50328—2014
	建设电子文件与电子档案管理规范	CJJ/T 117—2017
土方工程	建筑施工土石方工程安全技术规范	JGJ 180—2009
基坑工程	湿陷性黄土地区建筑规范	GB 50025—2004
	湿陷性黄土地区建筑基坑工程安全技术规程	JGJ 167—2009
	强夯地基处理技术规程	CECS 279：2010
	组合锤法地基处理技术规程	JGJ/T 290—2012
	既有建筑地基基础加固技术规范	JGJ 123—2012
	建筑地基处理技术规范	JGJ 79—2012
	建筑基坑工程监测技术规范	GB 50497—2009
	地下建筑工程逆作法技术规程	JGJ 165—2010
	建筑基坑支护技术规程	JGJ 120—2012
	建筑边坡工程鉴定与加固技术规范	GB 50843—2013
	建筑边坡工程技术规范	GB 50330—2013
	建筑深基坑工程施工安全技术规范	JGJ 311—2013
	打桩设备安全规范	GB/T 22361—2008
	建筑桩基技术规程	JGJ 94—2008
	建筑基桩检测技术规范	JGJ 106—2014
	基坑土钉支护技术规程	CECS 96：97
	喷射混凝土加固技术规程	CECS 161：2004
	岩土锚杆(索)技术规程	CECS 22：2005
	复合土钉墙基坑支护技术规范	GB 50739—2011
	高压喷射扩大头锚杆技术规程	JGJ/T 282—2012
	岩土锚杆与喷射混凝土支护工程技术规范	GB 50086—2015
	喷射混凝土应用技术规程	JGJ/T 372—2016
	锚杆检测与监测技术规程	JGJ/T 401—2017

类　　别	规范标准名称	规范标准编号
模板工程	竹胶合板模板	JGJ/T 156—2004
	滑动模板工程技术规范	GB 50113—2005
	液压滑动模板施工安全技术规程	JGJ 65—2013
	液压爬升模板工程技术规程	JGJ 195—2010
	整体爬模安全技术规程	CECS 412：2015
	建筑施工模板安全技术规范	JGJ 162—2008
	钢管满堂架预压技术规程	JGJ/T 194—2009
	建筑塑料复合模板工程技术规程	JGJ/T 352—2014
	钢框胶合板模板技术规程	JGJ 96—2011
	组合钢模板技术规范	GB 50214—2013
	塑料模板	JG/T 418—2013
	钢框组合竹胶合板模板	JG/T 428—2014
	组合铝合金模板工程技术规程	JGJ 386—2016
	组装式桁架模板支撑应用技术规程	JGJ/T 389—2016
	滑动模板工程技术规范	GB 50113—2005
	租赁模板脚手架维修保养技术规范	GB 50829—2013
	承插型盘扣式钢管支架构件	JG/T 503—2016
	铝合金模板	JG/T 522—2017
	建筑工程大模板技术规程	JGJ/T 74—2017
施工用电	施工现场临时用电安全技术规范	JGJ 46—2005
	手持式电动工具的安全	GB 3883.1—2005
	特低电压（ELV）限值标准	GB/T 3805—2008
	电气安全术语	GB/T 4776—2017
	建设工程施工现场供用电安全规范	GB 50194—2014
	剩余电流动作保护装置安装与运行	GB/T 13955—2017
	手持式电动工具的管理、使用、检查和维修安全技术规程	GB 3787—2017
	剩余电流动作保护器的一般要求	GB/T 6829—2017
高处作业	高处作业分级	GB/T 3608—2008
	建筑外墙清洗维护技术规程	JGJ 168—2009
	高处作业吊篮	GB 19155—2017
	高处作业吊篮安装、拆卸、使用技术规程	JB/T 11699—2013
	高处作业吊篮安全规则	JG 5027—92
	升降式物料平台安全技术规程	CECS 413：2015
	建筑施工高处作业安全技术规范	JGJ 80—2016
脚手架	建筑施工木脚手架安全技术规范	JGJ 164—2008
	建筑脚手架用焊接钢管	YB/T 4202—2009
	液压升降整体脚手架安全技术规程	JGJ 183—2009
	建筑施工工具式脚手架安全技术规范	JGJ 202—2010
	建筑施工门式钢管脚手架安全技术规范	JGJ 128—2010
	建筑施工承插型盘扣式钢管支架安全技术规程	JGJ 231—2010
	建筑施工竹脚手架安全技术规范	JGJ 254—2011
	建筑施工扣件式钢管脚手架安全技术规范	JGJ 130—2011
	附着式升降脚手架升降及同步控制系统应用技术规程	CECS 373：2014
	建筑施工碗扣式钢管脚手架安全技术规范	JGJ 166—2016
	建筑施工脚手架安全技术统一标准	GB 51210—2016
	建筑施工承插型插槽式钢管支架安全技术规程	DB 33/T 1117—2015
	建筑施工扣件式钢管模板支架技术规程	DB 33/T 1035—2018

续表

类　　别	规范标准名称	规范标准编号
施工机械	市政架桥机安全使用技术规程	JGJ 266—2011
	架桥机安全规程	GB 26469—2011
	混凝土泵送施工技术规程	JGJ/T 10—2011
	建筑施工机械与设备钻孔设备安全规范	GB 26545—2011
	建筑机械使用安全技术规程	JGJ 33—2012
	施工现场机械设备检查技术规范	JGJ 160—2016
垂直运输机械	起重吊运指挥信号	GB 5082—85
	起重机设计规范	GB/T 3811—2008
	起重机械超载保护装置	GB 12602—2009
	建筑起重机械安全评估技术规程	JGJ/T 189—2009
	起重机钢丝绳保养、维护、安装、检验和报废	GB/T 5972—2016
	桅杆起重机	GB/T 26558—2011
	建筑施工起重吊装工程安全技术规范	JGJ 276—2012
	起重设备安装工程施工及验收规范	GB 50278—2010
	建筑设备监控系统工程技术规范	JGJ/T 334—2014
	塔式起重机安全规范	GB 5144—2006
	塔式起重机	GB/T 5031—2008
	塔式起重机混凝土基础工程技术规程	JGJ/T 187—2009
	混凝土预制拼装塔机基础技术规程	JGJ/T 197—2010
	建筑施工塔式起重机安装、使用、拆卸安全技术规程	JGJ 196—2010
	塔式起重机安装与拆卸规则	GB/T 26471—2011
	大型塔式起重机混凝土基础工程技术规程	JGJ/T 301—2013
	建筑塔式起重机安全监控系统应用技术规程	JGJ 332—2014
	龙门架及井架物料提升机安全技术规范	JGJ 88—2010
	施工升降机安全规程	GB 10055—2007
	建筑施工升降机安装、使用、拆卸安全技术规程	JGJ 215—2010
	吊笼有垂直导向的人货两用施工升降机	GB 26557—2011
	建筑施工升降设备设施检验标准	JGJ 305—2013
现场防火	建筑外墙外保温防火隔离带技术规程	JGJ 289—2012
	火灾报警控制器	GB 4717—2005
	建设工程施工现场消防安全技术规范	GB 50720—2011
拆除工程	城市梁桥拆除工程安全技术规范	CJJ 248—2016
	建筑拆除工程安全技术规范	JGJ 147—2016
安全防护	安全帽测试方法	GB/T 2812—2006
	安全帽	GB 2811—2007
	安全色	GB 2893—2008
	安全带	GB 6095—2009
	安全带测试方法	GB/T 6096—2009
	建筑施工作业劳动防护用品配备及使用标准	JGJ 184—2009
	用人单位劳动防护用品管理规范	安监总厅安健〔2018〕3 号